低碳发展先锋实践
——中国绿色生态城区案例分析

王有为　周海珠　郭振伟　主编

U0244407

北京航空航天大学出版社

内 容 简 介

双碳目标确立后，我国城市发展进入新的阶段，适应和应对气候变化成为核心议题。作为全球城市可持续发展的主要路径"新、绿、活、智"成为城区发展新导向，其中绿色生态城区的研究和实践完整体现了适应气候变化的韧性要求，体现了发展与减排的辩证关系，逐渐成为各地城市新建城区或既有城区更新的首要考虑内容。

本书对国家标准《绿色生态城区评价标准》GB/T 51255实施以来的应用项目进行了跟踪和梳理，遴选了14个优秀实践案例进行详细剖析，内容涵盖规划、建设、建成各阶段。这些案例可供城区规划、管理人员借鉴，并为国内外相关政策的制定提供依据。

图书在版编目（CIP）数据

低碳发展先锋实践：中国绿色生态城区案例分析 /
王有为，周海珠，郭振伟主编. --北京：北京航空航天
大学出版社，2024.4
ISBN 978-7-5124-4392-1

Ⅰ.①低…　Ⅱ.①王…②周…③郭…　Ⅲ.①生态城
市—城市建设—案例—汇编—中国　Ⅳ.①X321.2

中国国家版本馆CIP数据核字（2024）第089119号

低碳发展先锋实践——中国绿色生态城区案例分析
王有为　周海珠　郭振伟　主编
策划编辑　杨晓方　责任编辑　杨晓方
*
北京航空航天大学出版社出版发行
北京市海淀区学院路 37 号（邮编 100191）　http://www.buaapress.com.cn
发行部电话：（010）82317024　传真：（010）82328026
读者信箱：copyrights@buaacm.com.cn　邮购电话：（010）82316936
涿州市新华印刷有限公司印装　各地书店经销
*
开本：710×1 000　1/16　印张：18.5　字数：362 千字
2024 年 9 月第 1 版　2024 年 9 月第 1 次印刷
ISBN 978-7-5124-4392-1　定价：69.00 元

编 委 会

主　　编　王有为　　周海珠　　郭振伟

参　　编　葛　坚　　孙大明　　魏慧娇　　郭而郱　　徐明生　　蔡　波

　　　　　罗晓予　　杨彩霞　　陆　江　　刘华伟　　赵哲毅　　张　伟

　　　　　胡宇丹　　周立宁　　付　鹏　　刘　声　　孙妍妍　　冯露菲

　　　　　周玉焰　　孙　景　　陈伯君　　赵宇杰　　戈　亮　　薛育聪

　　　　　范世锋　　谷爱洁　　王宇翔

前　言

　　中华人民共和国国家标准《绿色生态城区评价标准》（GB/T 51255）于2017年7月31日由住房和城乡建设部批准发布，自2018年4月1日起正式实施，以下简称"标准"。近几年，在国内外诸多社会热点中，有两件大事与该标准编制的目标和内容关系密切，一是我国提前两年完成"哥本哈根承诺"。在此之前的2015年，我国承诺于2030年CO_2排放达到峰值并争取尽早实现，非化石能源占一次能源消费比重达20%左右，森林蓄积量比2005年增加近45亿m^3；二是美国宣布退出"巴黎协定"，不再履行气候变化协定的声明内容。美国碳排放总量占全球的12%，是世界第二大碳排放国，美国的退出增加了世界应对气候变化的难度。

　　伴随着改革开放的深入推进，中国城镇化发展迅速，2023年，城镇化率已达66.16%。城镇化过程提高了社会经济效率、改善了人民生活、促进了新兴产业的形成，但同时快速的发展也带来一些环境和资源方面的压力，城市人口数量超出资源承载力，供水紧张、交通拥堵、城市居住环境恶化等城市病在各地不同程度出现。同时，相关研究也表明，城市碳排放量占社会整体碳排放的比例超过了75%。2021年，我国出台的《关于推动城乡建设绿色发展的意见》指出，我国人居环境持续改善，住房水平显著提高，同时仍存在整体性缺乏、系统性不足、宜居性不高、包容性不够等问题，大量建设、大量消耗、大量排放的建设方式尚未根本扭转，仍须持续深入推进绿色发展。

　　城市片区开发是城市扩张和老旧城区更新的典型形式，在"标准"发布前，北京市、上海市分别计划建设16个新城区，江苏省计划建设69个新城区，安徽省计划建设61个新城区。如何建设绿色生态、可持续的城区是摆在各省市建设主管部门领导、规划设计人员面前的共同难题。"标准"的出台可谓恰逢其时，填补了城区开发缺少技术指导和评价依据的空白，使各地的建设工作有章可循。"标准"编制的指导思想也很明确，即紧扣绿色、生态、低碳三大核心要素，结合本土条件因地制宜，以保护生态为基础，以绿色发展为主旋律，以低碳韧性为最终目标，推动我国新型城镇化步入可持续发展的轨道。

　　"标准"编制组在制定评价条文内容时把握了四条基本原则，即软硬结合、宽严结合、虚实结合、远近结合。①建筑领域的标准往往容易聚焦于技术措施和指标阈值，而忽视软科学、软技术的作用和意义。英国剑桥大学某位教授在中国香港的一次论坛会上指出，行为节能产生的效益是旧房改造产生效益的好几倍。我国的相关研究也表明，夏天制冷温度设置低1℃空调能耗会增加9%，冬天供热温度调高1℃，则能耗会增加12%。"标准"在土地利用等内容中明确了规划、设计的硬性要求，而在人文等内容中则提出了行为节能、绿色生活方面的软性要求，这一做法也获得东京大学副校长的高度认可，认为走在了同类研究的前沿。②宽严结合体现了立足发展现实，坚持高标准的要求。以我国城市水质为例，当前不少城市的地表水为五类水，标准给予最低分为1分，四类水分值为3分，三类水分值为5分，这种差异化引导的方法得到了工程界的认同。③虚实结合实际上是指工程设计与文化传承的融合，在土地利用内容中，标准对城区的风貌特色、空间形态、公共空间、建筑体量和环境质量提出了符合城市设计的要求，同时，也响应了住房和城乡建设部对城市设计提出的科学、合理、适时的要求，鼓励城区开发保留自然山水格局、传承历史文脉、彰显城市文化、彰显风貌特色、提升环境质量。④最后一个原则远与近结合，是一个考虑城区开发建设系统性、长期性的过程，而各地的基底条件、发展阶段存在差异，难以用一个指标限值进行全面的评估，内容上需要兼顾实际，操作上需要切实可行。

目标上则要顾及未来趋势，"标准"前瞻性地提出将"资源与碳排放"统筹考虑，可以说走在了各省市双碳工作部署前面。

美国城市地理学家 Ray.M.Northam 认为一个国家的城镇化水平超过30%后，经济发展和城镇化率都将加速，而超过70%后，经济发展将趋于平缓，整体进入后工业社会。"纳瑟姆曲线"已经在多个国家验证，中国也会这样吗？这是一个值得探讨和观察的话题。事实上，我国城乡二元结构还比较明显，中国过去30年城镇化进程的推动，使得城镇居民超过了农村居民，人均居住面积也从 7.1 m² 跃升至 41.76 m²，但出现了城乡发展水平不平衡、高房价制约产业转型、住宅高空置率与职住失衡同时存在等新的问题。自 2018 年以来，"标准"在上海、天津、浙江、山东、广州等地进行了落地实施，有效指导了各地绿色生态城区的规划设计和运行管理，就碳排放情况而言，各项目的人均碳排放量均低于 7.4 $tCO_2/$（人·a）的全国人均碳排放数据，显示出标准在平衡发展与减碳方面的重要作用。

为更好地让规划设计、运行管理人员以及政府相关部门管理人员理解和把握标准要求，编制组在 2022 年 5 月编写并出版了《绿色生态城区评价标准技术细则》。考虑理论与实践融合共进的重要性，我们在获得全国绿色生态城区评价标识的项目中遴选了比较有代表性的 14 个项目，地域涵盖北方、中部、南方多个气候分区，覆盖了规划设计、建设中期以及建成运行的城区开发全过程，以期为城乡建设绿色发展相关人员提供参考，共同推动我国新型城镇化的可持续发展。

编　者

目　录

第 1 章

绿色生态城区发展概况

"地球已经成为城市星球"，50% 以上的人口聚居在不到 3% 的陆地表面。根据预测，到 2050 年接近 70% 的人口将居住在城市。城市的环境决定了人类的幸福指数，同时，城市也是人类能源活动和碳排放集中分布的区域，其碳排放占全球碳排放的绝对主体（71%~76%）。"人口越来越多，资源越来越少"以及气候变化的压力，使得多数城市面临着资源短缺、环境恶化、交通拥堵以及城市发展空间、人口、资源、环境、产业统筹协调等难题。

绿色生态城区是城镇化过程中保障持续发展的重大措施，它是从生态学、城市生态学、环境工程学等学科视角出发，将社会、经济、自然 3 大系统有机结合，从而进行规划建设、管理运营的城区。目前，国内外各界对绿色生态城区的理论、标准和实践建设开展了长期探索，虽然大家对于绿色城市、生态城区或者低碳城区等名称尚存有一定争议，但关注和解决的问题都是一致的——我们的城市如何生存下去。

1.1 国外绿色生态城区发展概况

1.1.1 基础理论

霍华德的田园城市理论被认为是生态城市的现代启蒙。田园城市倡议建立一种兼具城市和乡村优点的田园城市，其用城乡一体的新社会结构形态来取代城乡分离的旧社会结构形态，作为 19 世纪末 20 世纪初西方重要的社会改良学说，深刻地影响着西方现代城市规划学的产生和发展。1971 年，联合国教科文组织在"人与生物圈计划"中将生态学引入城市，明确提出要从生态学角度用综合生态方法研究城市，并提出"生态城市"的概念。

绿色城市 Green City 最早于 1990 年由 David Gordon 在其《绿色城市》一书中提出。2005 年 6 月，在旧金山由联合国环境规划署举办的世界环境日活动上，来自全球六十多个城市的学者、官员一起签署了《城市环境协定——绿色城市宣言》。这份文件呼吁在能源、废物减少、城市设计、城市自然、交通、环境健康和水质保护 7 个方面努力促进城市可持续发展，改善城市居民生活质量。

2016 年的第三届"联合国人类住区会议"提出了"新城市议程"（NUA），强调未来 20 年的主要挑战是"人口更多、资源更少"，承诺建设"公正、安全、健康、方便、可负担、有抵御能力和可持续的"城市。其中有 4 个重要的价值导向转变：重视生态本底、构建网络化结构、构造包容的社会和用政策进行治理，为未来城市的发展指明了方向。

1.1.2　评价标准

标准是理论发展主导思潮的具体体现，承载着理论向实践转化的重要步骤。英国 BREEAM（Building Research Establishment Environmental Assessment Method）是全球首个绿色建筑评价体系，BREEAM Communities 是 BREEAM 评价体系 15 个子系统之一，是专门针对社区开发的指标体系，包括社会、环境、经济可持续性目标以及影响建筑环境规划发展目标政策需求，于 2009 年正式颁布。美国 LEED（Leadership in Energy & Environmental Design Building Rating System）城市与社区（LEED for Cities and Communities）评估体系是 LEED 的组成部分，是用于评估城市或社区的可持续性和生活质量的全球评级系统和认证计划。适用于城市和社区的 LEED 4.1 版本，于 2019 年 4 月 1 日发布，它采取了多方利益相关者的方法，成为世界范围内更可持续、更公平和更具弹性的社区催化剂和变革工具。德国可持续城区评估体系 DGNB UD（Deutsche Gesellschaft fÜr Nach-haltiges Bauen for Urban District）从 DGNB 绿色建筑标准衍生而来，颁布于 2012 年，评价不仅适用社区等居住功能，还可以涵盖办公、商业、行政等其他功能，同时对于城市区域的全寿命周期碳排放也提出了系统的计算方法和评价模式。日本建筑物综合环境性能评价体系 CASBEE（Comprehensive Assessment System for Building Environmental Efficiency）体系于 2007 年推出城区评价体系 CASBEE UD（CASBEE for Urban Development），在继承了其他 CASBEE 工具的基础上，评估对象拓展到多个建筑和公共区域的规划、设计和建设的可持续性属性，并特别强调户外环境和建筑群的复合功能。虽然不同国家的标准在目标和准则层面关注的角度各有差异（表 1-1-1），针对本国

表 1-1-1　各国评价标准范围和规模限制

标准	适用范围	规模限制	当前版本
英国建筑研究环境评估法 BREEAM Communities	社区及以上规模	下限：未设 上限：未设	SD202-1.2（2012 年）
美国绿色建筑评估体系 LEED Cities and Communities	社区及以上规模	下限：未设 上限：未设	V4.1（2019 年）
德国绿色建筑评估体系 DGNB UD	城区和商务区	下限：2 hm²，至少 2 个地块多幢建筑，10%≤住宅比例≤90% 上限：未设	国际通用版（2020 年）
日本建筑物综合环境性能评价体系 CASBEE UD	社区或街区开发单元	下限：未设 上限：未设	通用版（2014 年）

的具体问题方面也互有侧重，但绿色、生态、可持续的价值观是相对统一。

1.1.3　探索实践

20 世纪 90 年代和 21 世纪初期，针对城市蔓延、交通拥堵、公共设施缺乏等问题，美国和欧洲国家兴起生态城市项目，倡导线性多中心开发，混合土地利用，建设紧凑城市。例如德国城市慕尼黑以促进可持续城市生长为目标，提出"城市、紧凑和绿色战略"；法兰克福提倡"多样交通方式"，有 64% 的居民通勤实现无小汽车化，居全德之首；美国波特兰倡导以土地混合利用，紧凑设计，步行导向，多样化交通，保护公共空间、农业用地和自然景观，现有社区增强等为原则的城市增长模式。

但是国外处于城市化后期，进行新城开发的案例较少，较为著名的是瑞典哈马碧滨水新城。瑞典哈马碧创立的独特生态循环模式确立了双倍生态友好的环境总要求，在土地利用、基础设施、建筑、能源、交通、给排水和废弃物综合管理等方面制定了严格而具体的环境保护目标，并以生态环境为中心实行一体化规划。各部门各行业采用创新性环境方案和生态友好技术，实现了废弃物回收利用的最大化和负面环境影响的最小化，将曾经垃圾遍地、工业污染严重的哈马比建设成为一座高循环、低能耗的宜居生态城。国外小尺度的生态社区建设较多：例如，以零碳著称的英国贝丁顿社区最大可能地利用自然，设计与当地气候相适应的建筑，储存墙体白天的热量在夜晚利用，收集废弃物和在小区种植速生林作为生物质能源，大量减少能源使用，从而达到碳中和。以污染改造著称的澳大利亚哈利法克斯则采用"社区驱动"的自助式开发模式，其规划、设计、建设、管理和维护全过程都由社区居民参与。

绿色生态城区是一个复杂的系统，涉及目标、理论、标准、技术、工程、机制等多方面、多维度、多层级。绿色生态城区的认知和实践是动态发展、持续提升、不断更新的，以人为本、和谐共生、可持续发展的未来城市需要全人类携手同行、不懈努力。

1.2　国内绿色生态城区发展概况

1.2.1　发展历程

我国绿色生态城区的发展大致经历了 3 个阶段，如表 1-2-1 所示。2011 年前为试点示范阶段，绿色低碳的发展理念逐步融入我国城镇化的进程，依托国际合作和省部共建等方式，推动了首批绿色生态城区的建设工作，典型的如2010 年住房和城乡建设部和河北省政府通过签订《关于推进河北省生态示范城市建设促进城镇化健康发展合作备忘录》推动了唐山市唐山湾新城、石家庄市正定新区、秦皇岛市北戴河新区、沧州市黄骅新城等生态示范城市的建设。

表 1-2-1　国内绿色生态城区发展历程

发展阶段	时间节点	标志性文件
试点示范	2009.7	中美建筑与社区节能领域合作备忘录
	2010.7	共建国家低碳生态城示范区无锡太湖新城合作框架协议
	2010.10	推进河北省生态示范城市建设，促进城镇化健康发展合作备忘录
规模发展	2011.6	住房和城乡建设部低碳生态试点城（镇）申报管理暂行办法
	2012.4	关于加快推进我国绿色建筑发展的实施意见
	2013.3	"十二五"绿色建筑和绿色生态城区发展规划
	2016.8	关于设立统一规范的国家生态文明试验区的意见
量质提升	2017.7	绿色生态城区评价标准
	2021.11	上海市绿色建筑"十四五"规划
	2021.11	江苏省"十四五"绿色建筑高质量发展规划

此后，随着 2011 年《低碳生态试点城镇申报暂行办法》文件的出台，绿色生态城区的发展进入了第二阶段。在这一阶段，为了推动绿色生态城区的规模化发展，住房和城乡建设部将低碳生态试点城镇和绿色生态城区归并，修改完善了绿色生态城区的评估考核机制，并联合财政部对符合条件的地区给予资金补助，随后又在《"十二五"绿色建筑和绿色生态城区发展规划》中进一步明确了建设目标，此规划提出到 2015 年要建设 100 个左右、建筑面积不小于 1.5 km² 的绿色生态城区，至此，绿色生态城区迎来了高速发展的窗口期。但需要注意的是，随着"十二五"的结束，2016 年国家为了统筹推进生态文明试点建设工作，出台了《关于设立统一规范的国家生态文明试验区的意见》，将各类试点统一管理，自此，绿色生态城区发展的推动主体也由中央部委过渡至地方政府。

第三阶段为量质提升阶段，通过总结前期发展的成功经验，中国城市科学研究会经住房和城乡建设部批准，牵头编制了国家标准《绿色生态城区评价标准》（GB/T 51255），从土地利用、资源与碳排放和人文等九大板块进一步明确了绿色生态城区的发展要求，地方政府也以此为基础，进一步推动绿色生态城区的高质量发展，并写入地区发展的"十四五"规划当中。

1.2.2 建设现状

自国家标准《绿色生态城区评价标准》（GB/T 51255）印发实施以来，共21个城区申获绿色生态城区星级标识，从项目的地域分布来看（表1-2-2），绿色生态城区主要集中在上海市、浙江省、天津市、山东省和广东省等地区，其主要受以下几方面因素的影响：一是因为上述地区在城市绿色低碳发展方面起步较早，如浙江省的安吉余村是"两山"理论的发源地，广东和天津也早在2010年被确立为国家第一批低碳省份和城市，其为创建绿色生态城区提供了良好的土壤；二是上述地区经济实力较强，如广东、浙江和山东等省份，2022年的GDP总量均位于全国前列，其为绿色低碳技术的规模化应用提供了强有力的保障；三是国家试点项目的辐射效应，如天津市，在将中新天津生态城建设为国家绿色低碳生态示范城区的基础上，还建设了三星级绿色生态城区天津津南区葛沽镇中轴片区，推动了当地绿色生态城区的规模化发展；四是绿色建筑发展较为夯实，截至2021年底，上海、杭州和天津等城市的绿色建筑面积分别达2.89亿 m^2、2.1亿 m^2、1.7亿 m^2，其也纷纷入选中国重点城市绿色建筑发展竞争力指数榜单的前十名。

表1-2-2　国内绿色生态城区建设现状

序号	省级行政区	项目名称
1	上海	上海市虹桥商务区核心区
2		上海新顾城
3		上海桃浦智创城
4		上海市西软件园
5	天津	中新天津生态城南部片区
6		中新天津生态城中部片区
7		天津津南区葛沽镇中轴片区
8	山东	烟台高新技术产业开发区起步区
9		航运贸易金融融合创新基地（海辰园）
10		中德生态园零碳试验区
11	广东	广州南沙灵山岛尖片区
12		中新广州知识城南起步区
13		中新广州知识城环九龙湖核心区

续表

序号	省级行政区	项目名称
14		杭州亚运会亚运村及周边配套工程
15	浙江	衢州市龙游县城东新区核心区
16		海宁鹃湖国际科技城
17		湖州南太湖未来城长东片区
18	江苏	苏州吴中太湖新城启动区
19	福建	漳州西湖生态园片区
20	广西	桂林市临桂新区中心区
21	云南	云南滇中新区小哨国际新城

此外，近几年，广西和云南等经济欠发达的省份为了推动绿色建筑的规模化化发展，积极应对气候变化，践行"双碳"目标，推动了绿色生态城区的建设工作，如云南省的滇中新区和广西壮族自治区的临桂新区分获二星级和三星级绿色生态城区标识，有效地促进了经济发展与生态文明有机统一，证明了城市绿色低碳发展再也不是经济发达地区独有的标签。

1.2.3　减碳效益

目前，以国家标准《绿色生态城区评价标准》（GB/T 51255）为核心的标准体系引领绿色生态城区的高质量发展，其虽于 2015 年立项起草，2017 年编制完成，2018 年实施应用，但具有高度的前瞻性，与 2020 年提出的"双碳"目标高度契合，结合《绿色生态城区评价标准技术细则》中依据《IPCC 国家温室气体清单指南》编制的绿色生态城区碳排放计算方法可以发现，评价标准中可直接用于指导城区碳减排的评价条款数量可达 26 条，占比高达 28%。

另一方面，通过梳理典型绿色生态城区的碳排放情况可以发现（表 1-2-3），绿色生态城区的平均人均碳排放、平均单位地域面积碳排放、平均单位生产总值碳排放分别为 4.51 tCO_2/ 人、6.62 万 tCO_2/km^2、0.62 tCO_2/ 万元。根据城区的碳排放特点来看，受城区产业功能定位的影响，绿色生态城区大体可分为两类，一类是产业集聚和容积率较高的城区，表现为单位地域面积碳排放相对较高，但单位生产总值的碳排放则相对较低，如上海市西软件园项目，其单位地域面积碳排放可达 20.23 万 tCO_2/km^2，约为全国平均值的 3.06 倍，但其单位生产总值碳排放仅为全国平均值的 8.06%。相反，另一类城区受地理位置的影响，更侧重于塑造优质的生态环境，表现为单位生产总值碳排放较高，而单位地域面积碳排放较低，典型地如漳州西湖生态园片区，其单位生产总值碳排放为

1.15 tCO$_2$/ 万元，约为全国平均值的 1.85 倍，但其单位地域面积碳排放仅为全国平均值的 53.78%。相比于上述两个指标，人均碳排放更能准确反映绿色生态城区的碳排放情况，从表 1-2-3 中可以看出，所有城区的人均碳排放均低于国家平均值，表明绿色生态城区的减碳效益显著。此外，绿色生态城区倡导的绿色低碳的人文理念，如鼓励节能、节水和绿色出行、开展绿色教育和绿色实践等，具有潜在的环境效益，在城区未来的发展中，将逐步增强减碳的效果，助力形成更广泛的绿色生产生活方式。

表 1-2-3　国内部分绿色生态城区的碳排放情况

序号	案例名称	星级	人均碳排放 tCO$_2$/（人·a）	单位地域面积碳排放 万tCO$_2$/（km^2·a）	单位生产总值碳排放 tCO$_2$/（万元·a）
1	上海市虹桥国际中央商务区核心区	★★★	2.30	6.06	0.11
2	中新天津生态城南部片区	★★★	4.74	1.55	0.22
3	中新广州知识城南起步区	★★★	6.59	8.13	0.28
4	漳州西湖生态园片区	★★★	2.17	3.56	1.15
5	上海市西软件园项目	★★	6.57	20.23	0.05
6	上海桃浦智创城	★★	6.28	9.70	0.17
7	衢州市龙游县城东新区核心区	★★	4.01	4.54	1.94
8	苏州吴中太湖新城启动区	★★★	4.86	6.24	0.45
9	桂林市临桂新区中心区	★★★	1.96	8.34	0.60
10	海宁鹃湖国际科技城	★★	5.54	3.05	0.33
11	湖州南太湖未来城	★★★	6.08	3.76	0.34
12	天津津南区葛沽镇中轴片区	★★★	3.07	4.28	1.80
平均值	—	—	4.51	6.62	0.62
全国平均值	—	—	6.97	4.90	1.00

注：① 2019 年我国碳排放总量为 98.25 亿 t，数据来源于 BP 世界能源统计年鉴；②全国单位地域面积碳排放量计算时选用的是 2019 年我国城区面积，为 200 569.51km^2，数据来源于国家统计局。

第 2 章

中国绿色生态城区设计与实践评价案例

2.1 上海虹桥国际中央商务区核心区

2.1.1 项目亮点

上海虹桥国际中央商务区自 2010 年就提出"最低碳"的建设理念，并一以贯之至今。十几年来，商务区坚持"政府主导、规划先行、全程管控"的模式，形成了一套充分体现管理实效性的政策体系和工作机制，绿色低碳建设工作成效凸显。

经过十余年的努力，商务区在集中供能、立体慢行交通、绿色建筑运营、低碳能效平台管理、屋顶立体绿化、生态水系、"口袋公园"等各个方面均亮点突出、精彩纷呈。已投入运行的核心区区域三联供集中供能系统在 2021 年节省碳排放量约 1.22 万 t，减排约 3.23 万 t，能源综合利用效率达 80% 以上，能源利用效率远超传统能源供应方式，相比传统供能方式碳排放量减少 30% 以上。核心区 3.7 km^2 范围内 585 万 m^2 建筑体量 58.1% 获得绿色建筑三星设计标识，41.9% 获得绿色建筑二星设计标识，约 132.9 万 m^2 建筑体量获得了绿色建筑运营标识认证，其中三星级运行标识面积比例高达 80%。核心区屋顶绿化面积达 18.74 万 m^2，占整个核心区屋面面积的 50%，既节约了宝贵的土地资源，提升了生态环境质量，也起到了雨水调蓄、节能减碳的良好效果，真正打造了商务区的"第五立面"。此外，商务区注重功能复合、地下空间深度开发及集约节约使用土地，构建了组团分布、立体分层、成线成网、发达完善的复合慢行交通体系，地上有二层步廊、空中连廊、人行天桥，地下有人行通道、虹桥枢纽—国家会展中心"大通道"，成为绿色生态城区建设的亮点。

2011 年，上海虹桥商务区被上海市发改委列入上海市首批 8 个低碳发展实践区之一。2014 年，商务区核心区被住房和城乡建设部批准为国家级绿色生态示范城区。2017 年，经上海市发改委验收，商务区升级为上海市第一批低碳发展示范区。2018 年 9 月 26 日，经中国工程院院士吴志强等 9 名全国绿色生态城区评价专家评审、现场答辩评价后，宣布商务区核心区（3.7 km^2）成为全国首个三星级国家绿色生态运营城区，这在国内甚至国际上，都具有标杆和示范作用。2019 年 11 月，上海市出台《关于加快虹桥商务区建设打造国际开放枢纽的实施方案》，提出要"推动绿色低碳发展，打造世界一流的绿色低碳发展商务区"。

专家点评： 上海虹桥国际中央商务区核心区绿色低碳建设成绩的取得，是政府管理者、开发企业、市场主体、科研团队等各方努力的结果。一是其顺应了时代发展的要求。是发展观的一场深刻革命，是推动形成绿色发展方式和绿色生活方式。绿色低碳发展是当今时代潮流、世界趋势，上海虹桥国际中央商务区的绿色低碳发展顺应了时代潮流，响应了时代发展的要求。二是高起点规划引领、高水平开发建设。商务区核心区在建设之初就强调坚持世界视野，对标国际国内先进技术，高起点规划引领、高水平开发建设。规划过程中明确了功能配比混合多元、地下空间深度开发、尺度空间宜人舒适、环境绿化品质高尚等各方面的要求，特别是将绿色建筑的星级要求写入了土地出让合同中，并在设计方案、施工过程、竣工验收等开发建设全生命周期中进行深度把控，确保了绿色建筑技术措施要求的实质性落地。三是专业团队的坚守。绿色低碳建设是系统工程，是项有情怀的工作，"功在当代、利在千秋"，建设时的成效体现不出来，但在今后会逐渐显现，只有坚守"最低碳"理念，并聚沙成塔，集腋成裘，持之以恒地做下去，才会出成绩。

2.1.2　项目简介

上海虹桥国际中央商务区是虹桥国际开放枢纽"一核两带"的核心（"一核"即上海虹桥国际中央商务区，"两带"是指虹桥—长宁—嘉定—昆山—太仓—相城—苏州工业园区的北向拓展带和虹桥—闵行—松江—金山—平湖—南湖—海盐—海宁的南向拓展带），它位于上海市中心城西侧，上海与宁波、上海与杭州发展轴线的交汇处，是上海经济社会发展的重要功能区和国家战略的重要承载地。依托虹桥综合交通枢纽和国家会展中心，围绕"大交通、大会展、大商务、大科创"4 大功能打造，商务区正在加快建设成为联通世界的亚太流量枢纽港、全国统一大市场的关键节点、长三角一体化发展的新引擎和上海强劲活跃增长的动力源。

上海虹桥国际中央商务区规划用地面积约 151.4 km²，其中核心区重点区域为商务区中部商务功能集聚的区域，面积约 3.7 km²。核心区北至天山西路、南至迎宾绿地、西至沪杭铁路、东至申贵路，包括核心区一期、南北片区。核心区一期东侧紧邻虹桥综合交通枢纽本体，总用地面积约 1.4 km²。南北片区为一期的空间延伸，总用地面积约 2.24 km²。核心区开发建设的总建筑面积约 585 万 m²，其中地上约为 339 万 m²，地下约为 246 万 m²，办公面积占 66%、商业 14%、酒店及公寓 12%、住宅 7%、公共服务及会展等约 1%。

核心区自 2011 年启动建设，目前已基本建成，352 栋楼宇中已有 349

结构封顶，封顶率超过 99%。竣工验收 331 栋，竣工面积约 499 万 m^2，竣工率达 86%，已有超过 80% 的建筑单体投入运营。24 条地下人行通道、13 座空中连廊，以及连接核心区与国家会展中心的二层步廊（847 m），联通虹桥枢纽—核心区—国家会展中心的地下大通道（1 500 m）、1 号、2 号和 3 号能源站、8.5 km 的区域供能管沟、110 kV 博世变电站、29 块公共绿地，华翔、迎宾、天麓、云霞四大绿地（总面积 0.56 km^2）及中轴线绿地等政府配套项目均已建成并投入使用，区域形态初具规模，区位优势进一步凸显。具体如图 2-1-1、图 2-1-2 所示。

秉承"最低碳、特智慧、大交通、优贸易、全配套、崇人文"的发展理念，商务区逐步实现建设成为上海低碳发展示范区和世界一流商务区的目标。结合先进的发展理念，区域内采用了一系列绿色生态的技术措施，主要包括功能业态混合开发、设置立体分层的慢行系统、打造全面连通的地下空间、新建建筑 100% 按照绿色建筑设计、建设低碳能效运行管理平台等，在规划设计、建设施工和运行管理的全寿命周期内践行绿色生态理念，实现了可持续发展。

图 2-1-1　上海虹桥国际中央商务区核心区实景图

图 2-1-2　上海虹桥国际中央商务区核心区实景图

2.1.3　关键技术指标

上海虹桥国际中央商务区核心区在绿色低碳方面始终践行"最低碳"的发展理念，围绕绿色建筑运营、立体慢行交通、低碳能效平台管理、屋顶立体绿化、共享单车管理、生态水系、"口袋公园"等元素，不断完善城区内的低碳技术和设施，具体表现如下：

商务区核心区全部楼宇均按照国家绿色建筑标准设计建设，推进绿色建筑运营，同时坚持国际化，鼓励楼宇开展绿色运营和国际 LEED、WELL、BREEAM、DGNB 等认证，完成国际化绿建认证面积 212.88 万 m^2；积极响应"双碳"工作要求，在绿色发展基础之上，国家会展中心、宝业中心等项目通过碳中和项目注销了部分碳资产，实现项目近零排放。同时，核心区屋顶绿化已全部建成，既节约了土地资源，提升了生态环境质量，也使得商务区核心区的减碳工作取得良好效果；通过建设地下通道和空中连廊并大力发展公共交通，建立了发达完善的绿色交通系统。在低碳能效平台管理方面，商务区核心区不断加大低碳能效平台的接入力度，从 2017 年 30% 的接入率提升为当前的 95%，接入表（电表、能量表）具超过 4 万套，接入数据点位超过 10 万个，实现对区域能耗情况的全面采集和实时监测，使区域能源信息可报告、可监测、可核查、可评估。在碳排放方面，通过各项节能减碳措施的实施，2021年碳排放强度值对比对比上海市平均水平低 40%，对比国家平均水平低 28%。相关技术指标参见表 2-1-1。

表 2-1-1　上海虹桥国际中央商务区核心区关键技术指标

指标	数据	单位或占比
生态城区面积	3.7	km^2
路网密度	8.8	km/km^2
绿色建筑三星级标识占比	58.1	%
绿色建筑二星级标识占比	41.9	%
绿色建筑二星级及以上运营标识占比	22.7	%
三星级运营标识面积占比	82.9	%
屋顶绿化面积	18.7	万 m^2
2021 年大型公共建筑运行碳排放量	15.7	万 tCO_2
2021 年办公建筑单位面积碳排放量年平均值	25.65	$kgCO_2/（m^2 \cdot a）$
2021 年商业建筑单位面积碳排放量年平均值	54.23	$kgCO_2/（m^2 \cdot a）$
2021 年酒店建筑单位面积碳排放量年平均值	57.82	$kgCO_2/（m^2 \cdot a）$
2021 年会展建筑单位面积碳排放量年平均值	22.19	$kgCO_2/（m^2 \cdot a）$

续表

指标	数据	单位或占比
低碳能效运行管理平台接入率	95	%
地下通道	24	条
空中连廊	13	座
公共开放空间服务范围覆盖占比	100	%
公共交通站点 500 m 覆盖率	100	%

2.1.4 主要技术措施

上海濒江临海，属亚热带季风气候，呈现季风性、海洋性气候特征。冬夏寒暑交替，四季分明，春秋较冬夏较长。主要气候特征是春天暖和、夏季炎热、冬季阴冷；全年雨量适中，年 60% 左右雨量集中在 5~9 月的汛期，年平均降水量 1 119.1 mm，年蒸发量 882.4 mm；年平均日照 1 400 h。由于上海城区面积大、人口密集，使得上海城市气候具有明显的城市热岛效应，全年平均气温 15.8℃，1 月最冷，平均温度为 3.6℃，7 月最热，平均温度为 27.8℃。上海地区夏季空调运行约 4 个月，冬季空调运行约 3 个月。

为适应上海的本土环境条件，结合虹桥国际中央商务区的实际情况，核心区规划设计形成路网高密度、街坊小尺度、建筑高密度、地下空间开发高强度大联通的特色，实践商务区"最低碳"的开发建设理念。核心区内统一规划 5 座区域能源中心并分步实施，区域集中供能项目大幅提升一次能源利用效率。商务区内建筑全部按照绿色建筑二星级及以上标准设计实施，其中 58.1% 建筑达绿色建筑三星级设计标准，超过 100 万 m² 建筑获得绿色建筑运营标识认证。结合功能布局和空间尺度，建立起完善的立体复合慢行交通系统，以地面步行道系统为主，串联二层步廊和地下空间，构建立体分层步行网络。建设低碳能效运行管理平台，通过平台使区域能源信息可报告、可监测、可核查、可评估。

1. 土地利用和功能复合开发

商务区核心区科学合理利用土地，在功能复合开发、公共交通为导向（TOD）发展模式、产城融合、公共开放空间设置、城区通风廊道、居住建筑合理朝向、城市设计等方面体现了绿色生态城区的要求。主要表现在以下方面：

（1）建设用地包含了居住用地、公共管理与公共服务设施用地、商业服务业设施用地等多种用地性质，混合开发比例为 100%，地下开发面积高达 250 万 m²，相当于 18.5 个人民广场；

（2）城区采用了公共交通导向的用地布局模式，公共交通站点 500 m 覆盖范围比例为 100%，减少了"钟摆交通"情况的出现；

（3）城区合理规划市政路网密度，规划路网密度为 8.8 km/km^2，街区尺度划得小，步行道如毛细血管般密布，体现了窄路密网的理念；

（4）城区内公共服务配套设施具有较好的便捷性，较好地实现了居、教、养、商的平衡，实现了产城融合发展；

（5）城区内合理设置了公共绿地等开放空间，公共开放空间 500 m 范围覆盖范围比例达 100%，具有均好性、连续性和可达性；

（6）城区内的居住建筑均为南北向或接近南北朝向，有利于建筑采光、自然通风和减轻热岛效应，既实现建筑节能，又提高了居住舒适性；

（7）考虑上海地区的全年主导风向，城区内利用街道、中轴线绿化等形成了连续的通风廊道，有利于增加空气流动性，提高空气质量；

（8）商务区的城市设计注重城市风貌特色、空间形态、建筑体量与环境品质等方面。

2020 年，上海市规划和自然资源局、上海虹桥国际中央商务区管委会等联合发布了《上海市虹桥主城片区单元规划》，提出到 2035 年，虹桥主城片区（88 km^2）规划建设用地规模不超过 72 km^2，地上总建筑面积约 4 940 万 m^2，地下空间建筑面积不低于 1 000 m^2，生态空间面积不小于 31.9 km^2，人均公共绿地面积不低于 17.7 m^2，应急避难场所人均避难面积 4 m^2。

2023 年，上海虹桥国际中央商务区管委会、上海市规划和自然资源局联合发布了《上海虹桥国际中央商务区国土空间中近期规划》。提出通过存量更新和新建，商务区 151 km^2 中规划建设用地 117.5 km，可建设用地面积为 18.4 km^2（其中新建面积 5.6 km^2，改建面积 12.8 km^2），可新增建筑空间总量约 2 500 万 m^2；生态绿色空间塑造方面，到 2035 年商务区森林覆盖率达 23%，骨干绿道总长度达 180 km，人均公园绿地面积不低于 13.4 m^2。

2. 生态环境

上海虹桥国际中央商务区生态环境建设定位是以建设"生态绿色、智慧共生的未来城市样板"为愿景，优化总体生态格局，推进生态空间建设，打造优于中心城的宜居环境品质；强化安全韧性建设，打造绿色低碳样板城区。

商务区核心区积极开展屋顶绿化工作。目前，核心区屋顶绿化面积达 18.74 万 m^2，占整个核心区屋顶面积的 50% 左右。通过在有限的区域内实现最大程度的生态绿化，不仅增加了碳汇，减少了碳排放，更是节约了宝贵的土地资源，营造了美丽的第五立面和良好的生态环境。同时，大力推进绿色生态走廊建设，以生态水系、四大绿地、"口袋公园"串起生态廊道，提升水系贯通率和滨水空间可达率。目前，商务区核心区绿地总面积超过 56 万 m^2，且利用合理的植物群落形成天然生态屏障，将大小组合的绿色空间、建筑和广场联系在同一个系统中，构建了具有"景观观赏、休闲健身、文化娱乐、公共服务"等多功能为一体的综合型城市公共绿地。

在水环境、水生态方面，核心区内的市政设施，如供水管网、自来水厂、排水管网与污水处理厂等均建设状况良好，能够满足已建及在建地块的需求；城区内防洪排涝系统设施齐全，管理到位；2020年，上海虹桥商务区海绵城市建设规划获批，商务区也发布了《虹桥商务区年度海绵城市建设专项资金补贴申请指南》，并逐步完善《虹桥商务区申昆路片区海绵城市建设系统方案》等专项实施方案；河道水体经过整治有了较大的改观，水体水质总体上可达到我国《地表水环境质量标准》（GB 3838）规定的Ⅳ类水平。

在环境质量把控方面，该生态区通过现场实测及统计数据的分析，城区内的空气质量、噪声、垃圾运输等均符合生态城区的建设要求，为当地的居住者和工作者提供了良好的城区环境。

总之，上海虹桥国际中央商务区通过加大屋顶绿化建设，开展河道水系治理，建设"四大绿地"，实施公共绿地"认建认养"等多措并举，营造了天蓝、地绿、水清的良好生态环境，也产生了显著的社会效益和经济效益，以生态绿化、市政基础和环境质量等多方面践行了绿色低碳的发展要求。具体如图2-1-3、图2-1-4、图2-1-5、图2-1-6所示。

图 2-1-3　屋顶绿化实景图

图 2-1-4　华翔绿地实景图

图 2-1-5　云霞绿地实景图

图 2-1-6　天麓绿地实景图

3. 绿色建筑

为建设全国性的低碳示范商务区，实现区域低碳排放，早在 2010 年 7 月，上海市建交委、上海虹桥商务区管委会就联合组织编制了《上海市虹桥商务区低碳建设导则（试行）》，从区域规划、建筑工程设计、施工建设和运营管理四方面对商务区的低碳建设目标和建设要点提供全生命周期的指导。2014 年，《上海市绿色建筑发展三年行动计划（2014—2016）》正式发布，明确提出对绿色建筑要"严格建设全过程监管"，即在建设工程项目土地出让、立项审查、规划审批、初步设计审查（总体设计文件征询）、施工图审查、施工许可、施工监管、验收备案等各环节，严格落实绿色建筑相关强制性标准和管理规定。通过虹桥商务区管委会多年来的管控，核心区实现了绿色建筑二星级及以上设计标识全覆盖。

在设计、施工、竣工等环节，通过一系列绿色建筑的管控文件实现绿色建筑的全过程管控，确保建筑的绿色技术措施最终落地，体现了真正的绿色建筑内涵。目前，核心区内项目已全部获得国家绿色建筑设计标识认证（全部为二星级及以上）。其中，二星级项目 29 个，标识面积 238.3 万 m^2，面积占比 41.9%；三星级项目 35 个，标识面积 330.43 万 m^2，面积占比 58.1%。

在运行管理环节，虹桥商务区通过专项发展资金引导，对按照绿色建筑要求运行的项目予以补贴，鼓励各项目主体积极采用绿色技术措施、推行绿色建筑运营。

在绿色建筑后评估方面，针对每年的能耗监测平台运行情况和当年的绿色建筑工作开展年度评估工作，出具年度评估报告，召开工作例会，实行季度工作总结和年度工作总结制度。

除了鼓励符合条件的项目参加中国绿色建筑标准认证，对于自主申请LEED、WELL、DGNB 等国际绿色建筑标准认证也是予以支持。比如据统计，商务区核心区已有近十余个项目获得美国 LEED 标准中的铂金级、金级、银级认证，其中虹桥宝业中心、虹桥新地中心（现为诺亚财富广场）等项目获得最高级别的 LEED 铂金级认证。虹桥天地商业项目、虹桥天地办公楼项目经由GBCI 审核，成功通过 WELL HSR（健康—安全评价准则）认证。上海宝业中心项目成为上海首个获得碳中和认证的公共建筑。位于商务区青浦片区的葛洲坝·虹桥紫郡公馆项目于 2017 年还获得了德国绿建标准 DGNB 预认证。国家会展中心作为目前国内体量最大的绿色建筑，绿色建筑总面积达 141.39 万 m^2。目前在建的天合光能上海国际总部项目，通过光伏建筑一体化及数字化智慧能源战略，探索建设上海首个零碳建筑和超低能耗绿色园区示范项目。

4. 资源与碳排放

上海虹桥国际中央商务核心区通过区域三联供实现对区域内公共建筑项目的集中供冷和供热，区域集中供能系统是虹桥国际中央商务区建设低碳实践区的具体载体，是国内打造的首个大型区域冷热电三联供项目，也是上海最大的区域集中供能实践区。

项目设计遵循"以热定电、热电平衡、余电上网、梯级利用"的原则，以分布式供能系统为主导，通过有效整合设计、技术和设备，采用集中供冷、供热、供电（三联供）方式，从供应端对能源系统进行优化，以利于减少能源消耗和二氧化碳排放，提高能源综合利用效率。已建成的三联供系统，可以提供区域的电力、供冷、供热（包括热水）3 种能源需求，实现了余热、废热能源梯级利用，并建立了具有数据基本应用、区域能源消耗监测等功能的监控平台，实现了区域能源高效、科学利用。具体如图 2-1-7、图 2-1-8。

2017 年，1 号、2 号能源站实现了三联供系统平均单台满负荷运行 3 000 h；2018 年满负荷运行逾 3 100 h，进入良性运营状态；2019 年满负荷运行逾3 600 h。2022 年，3 号能源站也投入使用，进一步确保了区域用能需求和负荷平衡。据初步统计，商务区区域三联供系统的能源综合利用效率已达 80%以上，相比传统供能方式，二氧化碳排放量减少 36%，每年为核心区减排二氧化碳超过 3 万 tCO_2。

图 2-1-7　上海虹桥国际中央商务区核心区集中供能示意图

图 2-1-8　上海虹桥国际中央商务区智慧能源网监测平台

　　在核心区三联供系统的示范带动下，上海虹桥国际中央商务区青浦片区的西虹桥商务区、国家会展中心以及闵行片区的虹桥国际医学园区也规划建设了集中供能系统，为实现高效、经济的能源利用提供了园区解决方案。

5. 绿色交通

　　无缝衔接、零距离换乘是当前综合交通发展追求的目标。为进一步提升区域内绿色出行率，虹桥国际中央商务区通过实施交通专项规划，实现了以人为本的交通设施体系，区域人行交通安全舒适，公共客运交通高效便捷，地面车行交通通畅有序。2023 年底，中运量 71 路西延伸公交线路正式开通运营，商务区核心区可直达人民广场、虹桥品汇等多个目的地，进一步提升了商务区核心区公共交通出行品质，也强化了与中心城区的联系，同时还为进口博览会等重大展会和活动的举办提供了常态化的交通服务保障。

商务区结合功能布局和空间尺度，建立了发达完善的慢行交通系统。以地面步行道系统为主，串联二层步廊和地下空间，构建起立体分层步行网络。西延伸大通道，联通虹桥枢纽与商务区核心区、国家会展中心；空中二层步廊，联通核心区与国家会展中心；地下人行通道24条，地下联通核心区各地块；空中连廊13座，地上串联各个地块。地下通道+二层步廊的设计方式将城区内的建筑连接起来，使用者可通过步行方式方便到达目的地。具体如图2-1-9、图2-1-10所示。

图 2-1-9　地下通道实景图

图 2-1-10　二层步廊实景图

在绿道建设方面，商务区按照"宜商、宜业、宜居"的标准，高标准建设生态绿化带，目前核心区已建成多处生态绿道：申滨南路沿河绿道（申兰路——兴虹路），全长3.2 km；隆视广场沿河绿道（申长路沿河段），全长0.27 km；扬虹路高架绿道（申滨南路——申虹路），全长1.6 km；申长路健康步道（宁虹路——天山西路），全长0.52 km；天麓绿地绿道（申长路——申贵路），全长

0.58 km；申贵路绿道（申贵路——润虹路），全长 1.4 km，总绿道长度超过了
7.5 km。具体如图 2-1-11 所示。

图 2-1-11　绿道实景图

6. 信息化管理

目前，上海虹桥国际中央商务区核心区内设低碳能效运行管理平台、商务
区应急管理平台、停车信息化系统和防汛水务平台等信息化管理系统。其中的
低碳能效运行管理信息平台为商务区核心区绿色低碳建设成果提供了对外展示
的窗口，也为实现商务区能源与碳排放的数字化管理提供重要支撑。

虹桥商务区低碳能效运行管理平台（图 2-1-12）是在上海构建"全市统一、
分级管理、互联互通"的"1+17+1"（即"1 个建筑能耗监测市级总平台 +17 个
建筑能耗监测区级分平台 +1 个市级机关办公建筑能耗分平台"）整体架构下
进行设计的，旨在打造一套覆盖商务区核心区的集数据采集、传输、汇总、储
存、综合利用和形象展示于一体的信息系统。平台采用信息化手段对区域能效
进行全面采集和实时监测，既是对区域内水、电、燃气、供冷、供热等进行分

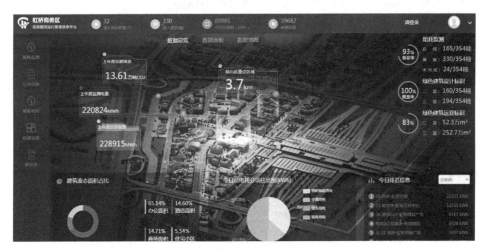

图 2-1-12　能效运行管理平台数据总览

类计量信息的汇总，也使得区域能源信息可报告、可监测、可核查、可评估。总之，依托虹桥商务区低碳能效运行管理信息平台可对核心区日常能耗数据进行梳理和分析，实时对标上海市和国际先进水平，描绘区域碳排放数据情况，为区域低碳能效的不断提升提出参考和建议。

该平台是目前上海唯一监测电、水、冷量、热量等全能源口径的平台，既是对区域内各监测子系统的集聚，也是将来"智慧虹桥"大蓝图的重要功能支撑模块。它按照统一的数据传输标准，对上可以对接"智慧虹桥"总体平台和市级相关平台，对下可以衔接各地块及功能设施的能耗监测子平台，起承上启下的衔接作用。平台具有实用性、灵活性、时效性、安全性、适应性等特性，让能耗数据"采得到""看得见"，能耗使用"管得住""降得下"，取得了"项目全绿建、能源全计量、数据全接入、多网融合"等一系列创新特色，并将其落实在项目中。

依托虹桥商务区低碳能效运行管理平台，商务区自 2019 年起每年编制碳排放评估报告，计算建筑碳排放数据。上海虹桥国际中央商务区核心区大型公共建筑运行碳排放量为 15.7 万 tCO_2（基于虹桥商务区低碳能效运行管理信息平台收集的数据计算），人均碳排放为 1.65 tCO_2/（人·a），单位生产总值碳排放为 0.08 tCO_2/（万元·a）。其中，不同类型的建筑单位面积碳排放量分别为办公类建筑 25.65（$kgCO_2/m^2 \cdot a$）、商业类建筑 54.23（$kgCO_2/m^2 \cdot a$）、酒店类建筑 57.82（$kgCO_2/m^2 \cdot a$）。（注：本计算所采用的电力碳排放因子系数为 0.42 $kgCO_2/kWh$，天然气碳排放因子系数为 2.184 $kgCO_2/m^3$、三联供冷和热碳排放因子根据区域能源站实际情况经计算得出平均值为 0.185 $kgCO_2/kWh$）

经初步测算，上海虹桥国际中央商务区核心区公共建筑碳排放预计在 2026 年左右实现碳达峰，峰值预测为 20.17 万 tCO_2。

7. 产业与经济

自上海虹桥商务区设立以来，经过十余年的发展，战略定位不断提升，高端功能不断集聚，城市建设不断完善，产业形态不断丰富，始终坚持国际化开放发展、坚持高能级集聚发展、坚持新赛道创新发展，逐步形成面向未来的中央商务区现代产业发展体系。

2021 年，上海虹桥商务区正式更名为上海虹桥国际中央商务区，围绕其在长三角一体化发展和"一极三区一高地"中的核心作用，服务国家战略，对标国际一流，全力打造国际开放枢纽、国际化的中央商务区和国际贸易中心的新平台。商务区作为国际一流营商环境的践行者，着力打造总部功能机构新高地，已累计吸引和集聚各类总部企业和相关机构。虹桥国际中央商务区、"一带一路"综合服务中心、海外贸易中心、进口商品展示交易中心等平台机构集聚，商务功能凸显，成为国内企业"走出去"和国外要素"引进来"的门户和桥头堡。

按照《虹桥国际开放枢纽建设总体方案》的要求，基于现有的产业基础、资源禀赋，上海虹桥国际中央商务区着重提出了"四高五新"的未来产业定位：

从产业形态上提出了"四高"：一是打造高能级的总部经济，着力引进标志性、引领性的龙头企业总部机构；二是打造高端化服务经济，推动专业服务业集聚发展，打造富有特色的现代服务业集聚区；三是打造高流量贸易经济，聚焦商品贸易、服务贸易、数字贸易、离岸贸易等，突出流量价值的挖掘和创造；四是打造高溢出会展经济，办好中国国际进口博览会，打造会展产业集群，发展高端国际会展会议服务产业，建成国际会展之都的承载地。

从产业门类来说提出聚焦"五新"：聚焦数字新经济，建设虹桥数字经济生态区，以数字技术助力制造业智能化改造；聚焦低碳新能源，坚持绿色低碳发展理念，加快集聚新能源龙头企业，打造绿色低碳先行引领区；聚焦生命新科技，依托新虹桥国际医学中心临床资源优势，大力发展特色医疗服务，支持国际创新医药器械贸易研发等，打造尖端生命科学临床转化基地、跨界融合数字医疗服务的示范区；聚焦汽车新势力，强化终端带动，加快智能网联汽车产业要素和配套资源集聚，打造智慧新交通创新高地；聚焦时尚新消费，发挥好进博会溢出带动效应，挖掘长三角消费市场潜力，集聚优质进口商品和服务，培育孵化本土品牌，做强生活消费品免税经济、做优时尚设计创意高地、打造全球新品首发地，建设国际级消费集聚区，助力国际消费中心城市建设。

8. 人文

绿色低碳建设不只是建筑形态的，还是人文形态的，"崇人文"是上海虹桥国际中央商务区六大发展理念。商务区的绿色低碳实践注重人文理念建设，区域内配置高标准的教育、医疗、居住、文化等公共服务机构，注重公园、绿化、水系等生态环境和建筑、交通、楼宇等物理形态的和谐统一。同时，商务区不断加强区域内的绿色低碳理念宣传，使绿色低碳理念深入人心。

在公众参与方面，城区在规划设计、建设与运营阶段对设计方案及出台政策均进行公示，并征询专家、民众意见，保障公众参与。同时，城区内设立多处公益性设施，包括文化活动馆、图书馆、文化展示厅、体育中心等，并对公众免费开放。

在绿色生活方面，商务区制定了《绿色生活与消费导则》，其中对于节能、节水、绿色出行、减少垃圾、绿色教育等方面均进行了倡导，并提出了具体措施和意见，便于引导居民和工作人员在生活中真正做到节能节水。

在绿色教育方面，城区内设置了生态城区展示平台，展示商务区"最低碳""特智慧"的开发建设特色，并多次在"政府开放日"中向市民展示和宣传。2020年10月，由上海虹桥商务区管委会、上海市建筑科学研究院共同编著的《中国首个三星级绿色生态运行城区——上海虹桥商务区绿色低碳建设实践之路》已由中国建筑工业出版社出版发行，起到了良好的教育宣传效果。

在公共服务保障方面，商务区针对老人、失业人员制定了完善的兜底政策，提升了人民群众的幸福感和满意度，使商务区真正成为了崇人文的城区。

总体来说，商务区在以人为本的基础上，通过制定相关政策，引导绿色行为以实现低碳建设，引导和促进了区域绿色生态观念。

2.1.5　低碳发展效益

上海虹桥国际中央商务区作为低碳城区，注重在区域发展过程中的经济发展模式、能源供应、生产和消费模式，技术发展、贸易活动、居民和政府部门的理念和行为全面低碳化，由此带来一系列的碳减排、环境、经济和社会效益。

1. 碳减排和环境效益

2010年7月，上海市建交委、上海虹桥商务区管委会联合组织编制的《上海市虹桥商务区低碳建设导则（试行）》提出，虹桥商务区低碳建设的总体目标是较同类商务区2005年的碳排放水平减少45%。经测算，2017年上海虹桥商务区核心区单位面积碳排放同比2010年减碳比达到58.35%，实现了原定的减碳目标。

通过集中供能、绿色建筑、屋顶绿化等绿色低碳工程的实施，上海虹桥国际中央商务区在建设和运行过程中的水、电、气、油等常规能源消耗大幅降低，从而节约能源并减少温室气体排放。温室气体和城市污染物排放的降低有效改善了商务区居住、工作环境，提供了健康、有活力的城市环境，产生的环境效益十分显著，也为周边地区（如长宁片区机场东片区、闵行片区南虹桥"虹桥前湾"、嘉定片区封浜新镇等）的低碳实践发展提供了良好的示范带动效应。

2. 经济效益

宏观上，上海虹桥国际中央商务区通过政策引导建设现代高端服务业聚集区，核心区生产总值目前已超过200亿元，第三产业增加值在总增加值中所占比率达95%，成为高附加值、高产值的区域。同时，商务区将"低碳新能源"纳入"四高五新"产业布局之中，提出聚焦低碳新能源，坚持绿色低碳发展理念，加快集聚新能源龙头企业，打造绿色低碳先行引领区。截至目前，已吸引天合光能、晶科能源、阳光电源、协鑫集团等新能源龙头企业入驻。

中观上，上海虹桥国际中央商务区规划、建设和运营所需要的大量低碳技术、设备极大促进了长三角地区低碳产业链的发展。商务区建设中主要涉及的光伏、储能、低碳建材、绿色照明、智能监测、节能服务等行业借力商务区低碳研发成果和实践经验，提升了产业服务能力和研发水平，并加速新产品商业化和市场扩大化，同时为低碳产业发展培育了大批具有竞争力的管理型和技术型人才。

微观上，区域集中供能提高了单体楼宇建筑的使用面积，低碳商务区的建设和运营主张节约能源资源和就地取材，从而使商务区的开发建设、运营维护成本大大降低，开发企业、市场主体等均从中获益。

3. 社会效益

商务区的绿色低碳建设也带来一系列的社会效益。一是促进了产业转型，商务区聚集了来自国内外的低碳产业入驻，不仅带动了上海西部地区的经济转型发展，同时可为该地区创造众多的就业机会。二是改变了居民生活、工作习惯，通过低碳城区的建设和低碳理念的宣传，在商务区内形成了节能低碳的社会氛围，起到了引导商务区用户形成低碳的生活、工作方式和消费习惯的作用。三是增进区域认同感，区域低碳、高效运营极大提升了区域竞争力，营造了良好的营商环境，从而使绿色低碳理念更深入人心，增加了商务区企业、人员的认同感和幸福感。

2.1.6　获得荣誉与奖项

2011 年 3 月，上海虹桥商务区获评上海市首批低碳发展实践区。

2014 年 12 月，住房和城乡建设部批复同意上海虹桥商务区核心区为"国家绿色生态示范城区"。

2016 年 12 月，"虹桥商务区低碳能效运行管理信息平台"获得上海市"十大优秀应用成果奖"。

2017 年 6 月，上海虹桥商务区获评为上海市首批低碳发展示范区。

2018 年 10 月，上海虹桥商务区核心区获得全国首个、最高星级的国家绿色生态城区实施运管三星级标识证书。

2020 年 12 月，上海虹桥国际中央商务区被商务部、发改委、财政部等九部委评为国家进口贸易促进创新示范区。

2.1.7　经验启示

上海虹桥国际中央商务区核心区绿色低碳建设成绩的取得，包括政府管理者、开发企业、科研团队等各方努力的结果。按照"政府主导、规划先行、全程管控"的建设模式，上海虹桥国际中央商务区因地制宜，制定低碳设计规划策略和低碳发展指标，强化城市规划布局、能源与资源管理，充分调动市场主体参与，共同推动区域绿色发展。在建设发展过程中，可供参考借鉴的经验主要有以下几点：

1. 做好顶层设计

上海虹桥国际中央商务区核心区绿色生态城区建设之路是典型的政府主导模式。虹桥商务区管委会作为上海市人民政府的派出机构，积极借鉴国内外成功经验，敢于突破创新，加强统筹协调，在顶层设计方面提出一系列工作举措，形成了由政府、市场、企业等多方主体共同推进商务区低碳建设的合力机制，建立起职能清晰、权责明确的组织框架，充分发挥开发企业的主导作用，顺利推进了一系列低碳建设重点工程任务，确保了绿色低碳目标的实现。

2. 坚持规划先行

好的规划是绿色生态城区建设的基础，商务区在规划建设初期就强调坚持世界眼光，对标国际先进，高起点规划引领、高水平开发建设。核心区在规划过程中明确了功能配比混合多元、地下空间深度开发、尺度空间宜人舒适、环境绿化品质高尚等各方面的规划要求，特别是将绿色建筑的星级标准写入土地出让合同中，并在设计方案、施工过程、竣工验收等规划建设全生命周期中深度把控，确保了绿色建筑技术措施要求的实质性落地。

3. 土地集约利用

土地是最重要的资源，节约使用土地是最大的绿色低碳措施。商务区对各类用地进行科学布局和合理开发，坚持功能业态复合开发、地下空间综合利用、规划布局科学合理，核心区普遍建设为地下 3 层，地下开发面积高达 250 万 m^2，相当于 18.5 个人民广场；屋顶绿化面积达到 18.74 万 m^2，占整个核心区屋顶面积的 50% 左右，这些举措都节省了宝贵的土地资源，实现了土地集约节约使用，也深入落实了绿色低碳理念。

4. 专项资金保障

上海虹桥国际中央商务区对绿色低碳建设的资金支持是"真金白银"的，出台了低碳发展专项资金的实施意见，制订一系列的申报指南，内容涵盖绿色建筑设计标识、绿色建筑运行标识、集中供能、屋顶绿化、绿色施工等方面，由于资金补贴到位，很大程度上助推了绿色低碳建设的实质性进展。

5. 坚持因地制宜，以人为本

绿色生态城区的建设要因地制宜、"以人为本"，防止把绿建措施生搬硬套和僵化堆砌，一些华而不实、大幅增加成本的绿建技术应用要慎重。从上海虹桥国际中央商务区的实践看，地下空间深度开发、屋顶绿化、绿道、人行天桥、地下通道等简易实用的绿建措施受到了人民群众的欢迎和使用，充分体现了以人为本的理念，值得借鉴和推广。

6. 监测平台的高效运用

绿色低碳的成效要用数据来说话。虹桥商务区低碳能效运行管理信息平台项目的运用，将区域内各能源站、所有楼宇的能耗数据、系统应用等全面接入，通过一个"大数据"平台、一套"低碳运行管理"系统和一系列"第三方系统接口"，在商业楼宇"智慧用能服务"体系建设上，打造可报告、可监测、可核查、可评估的管理机制。同时，该监测平台可直接与上海市能耗监测平台进行数据交换，实时反映区域用能指标与水平，并且还预留了环境展示、碳排放核算、碳交易试点等公共服务拓展空间，这为绿色低碳建设的数字化管理、智慧城市建设的精细化管理奠定了良好的基础。

7. 专业团队的坚守

绿色生态城区是个系统工程，涉及方方面面，要凝聚各方力量，形成工作合力，才能最终取得成功。绿色低碳建设是项有情怀的工作，"功在当代、利在千秋"，但在当时成效体现不出来，日后才会逐渐显现。虹桥商务区管委会、上海市建科院的相关人员作为推动商务区绿色低碳建设的专业团队，十多年来一直坚守"低碳虹桥"建设理念，持之以恒做了下去，从未放弃，才有了今天的成绩。

2.2　中新天津生态城南部片区

2.2.1　项目亮点

高水平打造生态美丽的生态之城——开启全国指标体系量化引领城市建设模式，构建多规合一规划体系，实现了所有建筑均按绿色建筑标准建设和均应用可再生能源技术。

高质量打造独具特色的智慧之城——推出全国首个智慧城市指标体系，形成"1+3+N"建设主线，打造全领域智慧应用场景，实施 CIM 平台建设，精准掌控城市脉动。

高品质打造宜居宜业的幸福之城——加强生态修复与保护，塑造城市特色景观，打造花园城市。实施公共服务牵引，构建引产引人宜居生活圈。

专家点评： 中新天津生态城（以下简称"生态城"）深入贯彻新发展理念，

已成为我国向国际集中展示可持续发展成效的窗口和国际合作的平台。生态城率先建立并落实了我国第一套生态城市指标体系，并独创"分解实施—监测统计—评估反馈"的闭环管理机制，推动生态城各个领域绿色发展，一个宜居美丽新城形象初步展现。十几年坚持生态优先、先底后图，真正做到了"一张蓝图绘到底"。以绿色建筑、非传统水源、可再生能源等为代表的各类能源资源利用不断提效。坚持绿色低碳发展方向不动摇，形成了以资源节约、环境友好为特征的经济体系。实施"生态＋智慧"双轮驱动发展战略，将生态、智慧理念贯穿城市建设管理全过程。绿色文化策源地初具雏形，形成了居民、学生、社会组织等多主体的绿色文化培育机制。大力实施公共服务牵引机制，以"生态细胞—生态社区—生态片区"三级完整居住社区模式，打造了独具竞争力的人才及产业吸引环境。此外，以法定机构改革为代表的改革创新持续释放发展活力，以中新合作为核心的国际合作更加务实高效。

2.2.2 项目简介

生态城是中国和新加坡两国政府的重大合作项目，体现了资源约束条件下建设生态城市的示范意义，彰显了中新两国政府应对全球气候变化、加强环境保护、节约资源和能源的决心。生态城位于天津市滨海新区，是永定新河、潮白新河、蓟运河三河交汇流入渤海的入海口，形成"河湖湾海"相互交织的水系格局（图 2-2-1、图 2-2-2）。中新天津生态城南部片区（以下简称"南部片区"）是生态城整体建设的起步区，规划总建设用地面积 7.8 km²，规划容纳总人数 11 万人，采用成片开发模式，集居住、商业、产业、生态、休闲等多种

图 2-2-1　南部片区实景图

功能于一体。南部片区作为生态城绿色、海绵、智慧、全域旅游等国家建设试点的主要载体，将生态优先放在首位，汇聚先进技术和创新模式，是生态城建设成效的缩影。2020 年 8 月依据《绿色生态城区评价标准》（GB/T 51255）获得绿色生态城区实施运管阶段三星级认证。

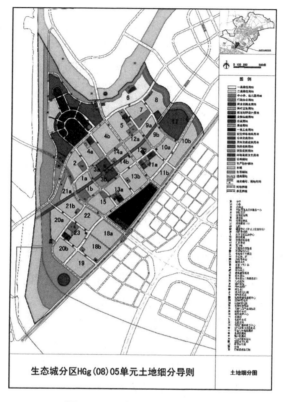

图 2-2-2　南部片区总平面图

项目进度：生态城原规划建设面积 34.2 km²，2014 年生态城合作区（原生态城）、旅游区、中心渔港三区合并，生态城总规划建设面积扩大为 150.58 km²，南部片区位于现生态城合作区内。截至 2022 年底，生态城整体累计建设绿色建筑项目 230 余个，绿色建筑面积 1 395 万 m²，获得国家绿色建筑标识项目 105 个，绿色建筑比例保持 100%；累计建成道路 83 km，道路面积 159 万 m²，无障碍设施率保持 100%；累计竣工绿化面积 593 万 m²，建成绿道系统 68 km，建成区绿化覆盖率超过 50%；累计集中式光伏装机容量 11.6 MW，年发电量 1 214 万 kWh；累计集中式风电装机容量 4.5 MW，年发电量 374 万 kWh；累计太阳能集热器面积 13.8 万 m²，住宅项目 100% 使用太阳能热水。南部片区已基本建成。

2.2.3　关键技术指标

（1）融合的绿色建筑。南部片区100%实施绿色建筑，形成了"被动优先、主动优化、可再生能源补充、智慧措施管控"的技术路线。以绿色建筑为基座，生态城探索建设了一批"绿色建筑＋健康、智慧、被动式、装配式等"的示范项目，以点带面实现绿色建筑高质量发展。

（2）低碳的能源体系。南部片区积极开发利用新能源，优化能源结构，全部住宅安装太阳能热水设施，公建和产业园区以地源热泵制冷供热为首要选择，初步形成了以地热能、太阳能和风能为主的新能源利用体系，全年可再生能源利用率超过16%。

（3）宜居的生活环境。南部片区建设"生态细胞—生态社区—生态片区"三级居住模式和"邻里之家—社区中心—城市次中心—城市主中心"四级公共服务体系，一站式满足居民办事、看病、购物、娱乐和参与社区管理等需求，步行500 m范围内有社区服务设施的居住区比例保持100%。

（4）优美的生态环境。南部片区以"生态基质—廊道—斑块"理论为指导，以原创盐碱地改良技术为支撑，构建了绿岛、绿谷、绿带、绿点之间和谐交融的绿色空间格局，步行5 min可达公园绿地的居住区比例保持100%，本地植物指数大于70%，湿地保护率保持100%。

便捷的出行环境。南部片区坚持TOD发展理念，打造绿色高效的交通出行空间环境，串联河湖湾海、各级城市中心、公共服务设施、文化旅游地段，以促进提高公共交通和慢行交通的出行比例，绿色出行比例超过65%，职住平衡比例超过50%。相关指标参见表2-2-1。

表2-2-1　南部片区关键指标

指标	数据	单位或比例
城区面积	7.8	km^2
除工业用地外的路网密度	10.42	km/m^2
公共开放空间服务范围覆盖比例	66.7	%
绿地率	50	%
噪声达标区覆盖率	100	%
绿色建筑比例	100	%
可再生能源利用总量占一次能源消耗总量比例	16	%
绿色交通出行率	67.6	%
城区公益性公共设施免费开放率	100	%

2.2.4　主要技术措施

在充分借鉴世界先进生态环保理念的基础上，生态城南部片区结合选址区域的环境、地质、气候、人文等因素，形成了生态城市建设发展基本理念和内涵，并在此基础上，编制出了具有广泛指导意义的生态城指标体系、城市总体规划、绿色建筑标准、低碳产业促进办法、土地使用导则和城市设计导则等规范生态城市开发建设的一系列规定，从而使南部片区的建设从一开始就按照世界一流的标准进行规划、设计、建设和管理。

1. 土地利用

南部片区建立"生态细胞—生态社区—生态片区"三级居住体系（图 2-2-3），各生态社区规划 1 座社区中心。由慢行系统、街坊公园、社区公园、生态谷与滨水湿地空间共同组成的有机开放空间网络贯穿整个片区（图 2-2-4）。营造出在片区内任一点出发，步行 200 m 可达街角绿地，300 m 可达街坊公园，500 m 可达社区公园，1 000 m 可达城市公园的优良户外空间环境。

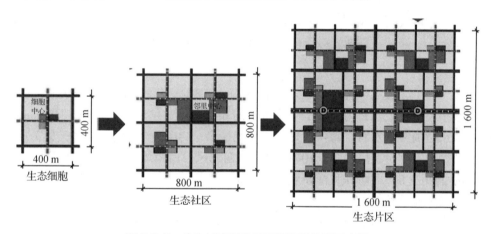

图 2-2-3　生态城南部片区三级居住体系示意图

南部片区兼顾当地地理位置、气候、地形、环境等基础条件，考虑全年主导风向，设计生态谷为通风廊道。城市空间设计采用鱼骨状的空间形态，有利于通风廊道的形成。

2. 生态环境

（1）气候条件

生态城的气候属于大陆性半湿润季风气候，四季特征分明。春季多风，干旱少雨；夏季炎热，雨水集中；秋季天高气爽；冬季寒冷，干燥少雪。年平均

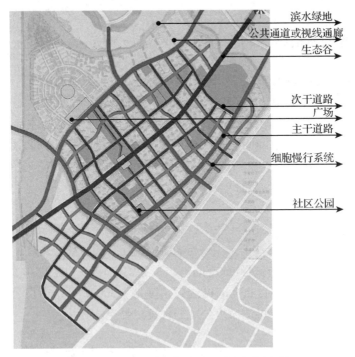

图 2-2-4　生态城南部片区公共空间示意图

气温 12.5℃，最高气温 39.9℃，最低气温 –18.3℃。年平均降雨量 602.9 mm，降水多集中在七八月份，占全年降水量的 60%。年蒸发量为 1 750~1 840 mm，是降水量的 3 倍左右。每年 3 月份西北风最多；4~6 月份以南风居多；从 7 月份开始到 9 月份东风最多；10~12 月份，西北风、西南风最多。年平均日照时数为 2 898.8 h，平均日照百分率为 64.7%。

（2）地质条件

生态城原始地质条件 1/3 为废弃盐田，1/3 污染水面、1/3 盐碱荒滩，原有自然植被稀少，生态环境脆弱。生态城场地属非液化场地，场地土为中软土，场地类别为Ⅲ类。浅层地下水主要为浅水。处于滨海地热田中北部，地下热水主要分布在新近系明化镇组热储层、馆陶组热储层和古近系东营组热储层。

（3）资源条件

①太阳能资源：南部片区日照较为充足，10 年平均年日照时数为 2 279 h 左右，多年平均太阳辐射量在 4 845 MJ/m^2.a 左右，属于我国太阳能资源四类区域上限值地区，较为适合建设光伏项目。

②风力资源：南部片区内外无高大山体阻隔，年主导风向为东南风（夏）、西北风（冬），70 m 高度年平均风速为 5.5~6.1 m/s，平均风速虽然不是很高，

但风频分布比较适合，具有稳定的主导风向，风的质量很好，且有效小时数高，风资源可利用时间较长，同时风速变化较为平稳。

③地热资源：南部片区处于滨海地热田的北部，地热资源相对丰富，经勘查，区内有 3 个热储层的地热水可供开发与利用，其温度、水质等均不错。发育较好的三个热储层主要有：新近系明化镇组热储层（Nm）、馆陶组热储层（Ng）、古近系东营组热储层（Ed）。地温梯度 2.4~2.9℃/100 m，具有较好的中深部地热资源赋存条件。

（4）生态环境保护和提升做法

面对水体污染顽疾，生态城下大力气改造建设雨污水管网、实施湖库综合治理（图 2-2-5）、提升污水处理厂出水标准、完成河湖滩海循环连通、开展入海排口排查整治等工程和措施，区域内地表水环境质量达到Ⅳ类水体标准，近岸海域优良水质比例提升到 100%，实现历史性改观。

图 2-2-5　静湖治理前后对比

生态城完整保留、修复蓟运河入海口、故河道等自然湿地，划定禁建区、限建区、已建区和可建区，明确并扩大了原始湿地资源保护范围。同时构建人工盐生湿地系统，先后修复性建设惠风溪公园（图 2-2-6）、永定洲公园、静湖等多个人工湿地，形成适合各类水鸟栖息的保护区。

图 2-2-6　慧风溪修复前后对比

生态城探索实践出"物理—化学—生态"相结合的综合改良及植被构建

技术（图 2-2-7），昔日盐池、虾池连片的盐碱地如今已成为活力焕发的生态绿洲，植物种类由最初的 66 种增加到了 265 种，建成区绿地率达到 50% 以上。

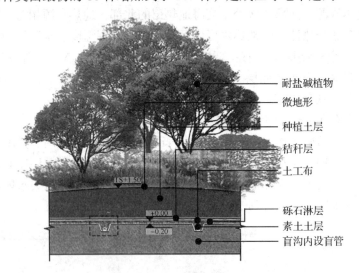

图 2-2-7　排盐断面示意图

耐盐碱植物
微地形
种植土层
秸秆层
土工布
砾石淋层
素土土层
盲沟内设盲管

生态城推进城市绿化景观升级，打造国际一流、景城相融的"全域花园城市"。建成了以生态谷公园、甘露溪公园、惠风溪公园、永定洲公园、南堤滨海步道公园、印象海堤公园、东堤公园、南湾公园等一系列城市级主题公园为代表，以篮球公园、轮滑公园、儿童公园等风格各异、功能多样的社区公园为点缀，丰富多彩的街角公园为补充的多点、多层次布局的城市公园体系（图 2-2-8）。

3. 绿色建筑

发展绿色建筑是提高建筑安全、健康、宜居、便利、节约性能，增进民生福祉，实现人与自然和谐共生的重要举措。生态城从建设之初就明确了"绿色建筑 100%"的指标要求，并制定了完整的管理制度和技术标准体系，为北方地区绿色建筑发展提供了经验借鉴。

（1）管理制度：生态城结合现有规划审批流程，形成涵盖规划、设计、施工、验收的全过程绿色建筑审批程序（图 2-2-9）。

（2）标准体系：生态城首创地方标准与国家标准对标，形成绿色建筑 + 专项技术的完整标准体系（图 2-2-10）。

监督机制：引入第三方专业机构，协助政府主管部门对绿色建筑进行全过程评价与管理。

扶持政策：设立绿色建筑科技研发专项资金，实施绿色建筑面积奖励政策，创新开发绿色建筑性能责任保险。

运营提升：将节能考核与专项治理相结合，出台《中新生态城绿色建筑节

（a）故道河公园　　　　　　　　　　（b）南湾公园

（c）东堤公园

图 2-2-8　城市公园体系

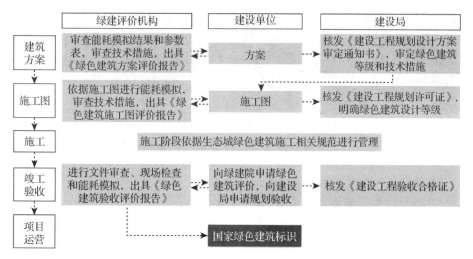

图 2-2-9　中新天津生态城绿色建筑专项审查流程

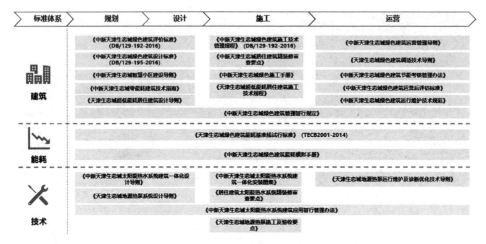

图 2-2-10　中新天津生态城绿色建筑标准体系

能考核管理办法（试行）》，开展太阳能热水系统、地源热泵等绿色技术的专项治理行动。

技术创新：积极探索高性能建筑，公屋二期项目成为世界首个 PHI 认证的高层被动式住宅建筑；打造低碳技术集成创新，不动产登记中心项目集"近零能耗 + 高星级绿色建筑"特点于一身；推动建筑理念融合发展，季景峰阁住宅项目荣获绿色建筑、健康建筑、智慧建筑等多个认证（图 2-2-11）。

（a）公屋二期项目实景图　　　　　（b）季景峰阁住宅项目实景图

图 2-2-11　高性能建筑实景图

案例分享：既有建筑零碳化改造——不动产登记中心项目

中新天津生态城不动产登记服务中心（图 2-2-12）位于中新天津生态城 15 号地公屋项目内，2012 年投入使用，主要功能为房管局办公，并向公众提供不动产登记服务。项目占地面积 8 090 m^2，总建筑面积 3 467 m^2，容积率 0.37，结构形式为钢框架结构，是天津市首个具有实际使用价值的零碳建筑。

图 2-2-12　中新天津生态城不动产登记服务中心项目

项目遵循绿色建筑建设理念，应用"绿色产能、灵活储能、按需用能、智慧控能、高效节能"的技术措施，从能源的"产、储、用、控、节"5 个层面进行优化和控制，最大限度降低能源消耗，减少碳排放。

产能方面，最大限度利用了太阳能发电，在建筑屋顶车棚铺设 2 200 m² 的光伏板并配备自动清洗机器人，保证光伏发电效率；此外，科学利用地源热泵与太阳能热水系统耦合技术，以太阳能热量的回补，维持土壤源冷热平衡；还安装了风力发电设施、光伏路面、光伏座椅和光伏垃圾桶，探索可再生能源利用新形式。

储能方面，建筑安装了容量为 150 kWh 的锂电池用来储电，实现了光伏发电储能和电网购电储能两种储能方式的灵活切换，保证建筑在并网用电时削峰填谷，紧急断电时可孤岛运行。

用能方面，建筑的楼宇自控系统可以根据屋顶气象站监测的天气情况，自动选择自然通风或启动空调系统，有效调节室内温湿度和空气质量，保证室内舒适度。

控能方面，搭建了智慧能源管理系统，协调优化能源供给侧和需求侧，通过对楼宇设备的精准控制和内外能源系统的综合调控，自动调整用能策略，从而实现智慧化运行。

节能方面，融合了主动与被动技术，以被动设计降低建筑用能需求，以主动技术提高设备用能效率。建筑设计和建设中，优化了建筑体形，选用高性能围护结构，外窗倾斜处理形成自遮阳，设置地道风、高侧窗、导光筒，增强自然通风和自然采光，还选用了高效空调机组、节能灯具和势能回收电梯，进一步强化节能效果。

此外，还践行"生态优先、灰绿结合"理念，因地制宜实施海绵城市建设，铺设透水路面、安装蓄水模块，对雨水资源进行综合的回收利用，积极利用非传统水源，有效控制雨水径流。

本建筑的能源利用形式为电力，据智慧能源管理系统统计，光伏系统年发电量约 32.6 tce，建筑年用电量约 28.8 tce，余电上网，能源自给率达到 113%，可再生能源利用率达到 100%，已实现零能耗运行目标。改造完成后至今，该建筑每年的 CO_2 排放降低量可达到 151 tCO_2，具有良好的节能降碳效益。

4. 资源与碳排放

生态城积极开发利用太阳能、风能等可再生资源，建成风力发电装机容量 4.5 MW，光伏装机容量 13.6 MW，全年集中式新能源总发电量约 1 500 万 kWh（图 2-2-13）；生态城居住建筑和有稳定热水需求的公共建筑全部应用太阳能热水系统，累计应用地上建筑面积 721.5 万 m^2。同时，生态城还广泛应用了地源热泵技术，地源热泵打井数约 8 215 口，累计应用建筑面积 126.19 万 m^2。

图 2-2-13　生态城南部片区可再生能源设施

生态城以非传统水资源利用和控制用水总量为重点，建立了以市政供水、雨水收集、污水处理、中水回用、海水淡化为主体的水资源供应保障体系，核定各种水源供给额度，控制管网漏损率，全面推广节水设施和器具，实施分质供水。生态城污水处理率达到 100%，非传统水资源利用率达到 56.2%，日人均生活用水量 77.1 L/（人·日）。

生态城建立了中国第一套垃圾干湿分类的生活垃圾气力输送系统（图 2-2-14），率先启动了垃圾智能分类试点，创新性地推出垃圾分类投放信用制度，建立居民积分卡，布设智能回收机，形成了积分兑换商品的激励机制，构建了源头减量、分类收集、密闭运输、集中处理的垃圾处理体系。垃圾分类收集率达 74.3%，日人均垃圾产生量 0.78 kg/（人·d）。

生态城的能源结构、绿色交通出行方式、产业结构、环保建材使用等，可以保证规划建设实施后二氧化碳少。同时，按照规划建设实施的生态结构，其中的绿地、屋顶绿化和水面还可以进一步实现 CO_2 的吸收。近年来，生态城的单位生产总值碳排放强度下降为 145.3 tCO_2/百万美元。

图 2-2-14　生态城南部片区气力垃圾输送系统

5. 绿色交通

生态城坚持公共交通导向开发模式，建立了以对外依托轨道交通，对内依托常规公交为基础方式，以共享单车为延伸的多层次公共交通模式。具体而言，以轨道交通为发展主轴，靠近轨道站点的区域实行稍高强度开发；向外围开发强度递减，加强与公交系统的换乘和接驳，并实现区内公交车全部免费；共享单车作为城市公交延伸和接驳换乘，服务最后一公里。近年来，生态城的综合绿色出行比例维持在 65% 以上，待对外轨道交通建设完成后这一指标将进一步提升。

生态城按照"窄路密网"先进理念，提倡以 400 m × 400 m 为基本的机动车道路网格间距，并在机动车路网中间增加十字交叉的绿道，仅供行人和自行车使用，这样就实现了独具特色的道路 + 绿道的双棋盘格局。南部片区规划各类道路总长度 81.3 km，密度达 10.42 km/km²，已将居住社区、商业设施、景观开敞空间等城市功能有机串联起来，形成了遍布区域的交通网络（图 2-2-15）。

绿道是生态城的带状开敞空间，串联了各主要城市公园节点，将绿地空间、人行步道、廊桥栈道等有机连通起来，形成遍布全城的城市绿道网，与城市开发空间相融合，形成蓝绿交织、水城共融的城市空间格局。生态城编制了绿道专项规划，全城建设 7 条城市级绿道（图 2-2-16），总长度 151 km，目前

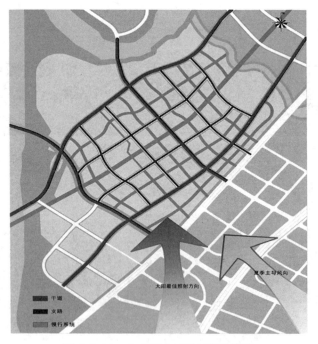

图 2-2-15 生态城南部片区道路网络

图 2-2-16 生态城绿道分布

已建成 65.6 km。

生态城编制绿道系统专项规划中提出绿道系统 6 要素（图 2-2-17），呈现出生态城本地风光，丰富生态城绿道体系的内涵，为生态城的绿道建设起了示范和引导作用。

（a）绿道分幅标识　　　　　　　（b）绿道标识

（c）绿道节点标识

图 2-2-17　绿道系统

6. 信息化管理

生态城积极开展城市信息模型（CIM）平台建设（图 2-2-18），从城市规划、工程建设、房屋管理、地下管线维护和土地储备等多个方面入手，打造智慧管理系统，逐步实现工程建设项目从规划到建设、再到管理的全生命周期电子化审查审批，不断丰富和完善城市规划建设管理数据信息。

为追踪公建项目能源消耗情况，掌握生态城公建项目用能特点，及时发现用能问题，挖掘用能潜力，生态城搭建了绿色建筑能耗监测平台（图 2-2-19），实现对区域常规能源和可再生能源数据的采集，以实际数据为支撑，开展项目定期评估，提升区域整体用能水平。

图 2-2-18　生态城 CIM 平台

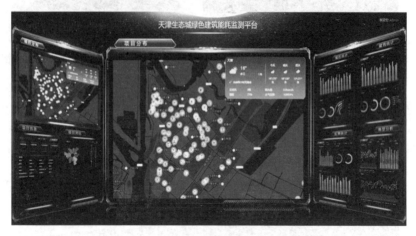

图 2-2-19　生态城绿色建筑能耗监测平台

7. 产业与经济

生态城不断探索适合的主导产业方向，形成了不同阶段的产业定位，努力谋求产业规划指导产业发展与项目导入实践相结合的路径。

生态城创建伊始，坚持绿色产业理念，结合自身区域情况以及中外产业发展方向和趋势，并与周边区域进行产业融合和错位发展，合理地规划产业发展方向，选择了文化创意、互联网、创新金融等产业作为重点产业发展领域，并积极导入引进了一批知名企业。2014 年，旅游区和渔港区的并入，使得生态城的发展载体、产业资源、配套设施都得到了有力拓展和进一步提升，生态城及时依据自身优势调整产业规划，聚焦智慧驱动型和消费驱动型两大产业类别，侧重发展以技术和内容驱动的智慧创新产业以及具有人口自导入能力的都市消费产业。

无论产业定位如何转变，生态城始终严守绿色发展底线，坚决拒绝高能耗、高排放、有污染的企业，摒弃投入产出比和用地效率不经济的项目。发展至今，幸运的是，生态城确立的产业都符合产业发展大趋势且在十余年期间得到发展壮大，逐步聚焦形成了以"文化旅游、智能科技、大健康"为核心，"绿色建筑与开发、特色金融"为配套的"3+2"主导产业。重点围绕"高端装备、集成电路、新能源汽车、信创、生物医药、文化旅游、绿色建筑与开发、品牌商业、教育培训"9 大产业链开展产业招商。近十年来，生态城生产总值从 48.56 亿元增长为 246.71 亿元，单位生产总值碳排放强度下降为 145.3 tCO$_2$/ 百万美元，落户各类市场主体数量从千余家增长为 2.5 万余家，注册资金达 4 757.5 亿元。

本生态城发展路径有别于传统的产业发展、人口增加、城市扩张的模式，需要走一条先有城市、后有居民、再逐步吸引产业的发展新路。生态城创新一方面提出"生产、生活、生态"融合发展理念，提升城市综合承载能力，加大招商引资力度，建设现代化产业体系，实现以城促产、以产兴城、产城融合的目标。另外，生态城还大力发展教育、医疗、商业产业，引入南开中学、北京师范大学附属学校、天津外国语大学附属学校等教育资源，区内每千人学位数达 233 个，在校学生超过 2.8 万人。推进医疗卫生事业发展，区内每千人口床位数达 8.2 张，"综合医院—社区医院—家庭医生"三级诊疗体系不断完善。将季景天地等大型商业综合体及社区商业中心投入运营，商业配套逐步完善，图书档案馆、国家海洋博物馆（图 2-2-20）等文化设施日益丰富，满足群众多元化需求，形成 10 min 优质生活服务圈。近年来，生态城就业住房平衡指数达到 50% 以上。

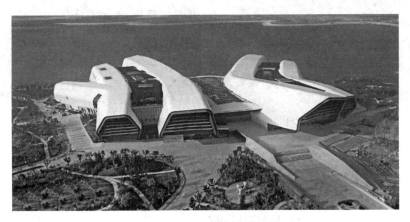

图 2-2-20　国家海洋博物馆

生态城产业发展得益于尊重产业自身发展规律，特别是前期实践经验，避免"拍脑袋"的主观意愿，着力追求投入的累计叠加效应，避免短期效果不突出而频繁修改规划，着力实现产业配套环境的"拳头"效应，避免产业投入"东一榔头，西一棒子"。

8. 人文

供热计量是以集中供热或区域供热为前提，以适应用户热舒适需求、增强用户节能意识、保障供热和用热双方利益为目的，通过一定的供热调控技术、计量手段和收费政策，实现按户计量和收费。生态城在 2016—2017 年采暖季起全面启动了供热计量收费政策，引导居民践行绿色生活。通过多年实施，生态城约 82% 的热计量用户实现节费，比按面积收费模式节约 15.8%，平均单位面积采暖能耗降低至 0.276 GJ/m²，居民节能参与度、满意度显著提升。

从 2013 年起，生态城开始由多个部门共同举办世界环境日系列活动（图2-2-21），着力提高学校、幼儿园、企业和居民的环保意识。系列活动包括生态之旅、中新环境讲坛、环保志愿服务等。以"生态之旅"为例，依托生态城现有的全国中小学环境教育社会实践基地资源，根据不同年龄段学生的接受能力，规划不同主题导览线路，实现生态城绿色主题展示场景的"全系列"开放。通过现场展示讲解、互动体验等方式，介绍生态城在节能低碳、生态环保、无废城市等领域的先进理念和建设成果，培养学生对生态城市建设理念认同，形成自觉践行绿色生活的行为习惯。

图 2-2-21 中新天津生态城绿色理念宣教系列活动

2.2.5 低碳发展效益

2022 年，生态城合作区范围总能耗约为 11.74 万 tce，可再生能源使用量约为 2.26 万 tce 标准煤，可再生能源使用率为 16.34%。

2022 年，生态城合作区范围内能源消耗结构如图所示（图 2-2-22），可再生能源占比 16.34%，常规能源占比 83.66%，其中常规能源电力占比 32.20%，

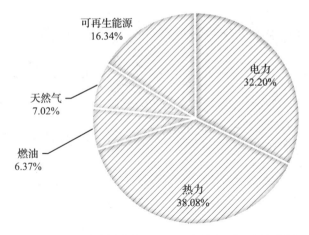

图 2-2-22　生态城合作区 2022 年能源利用占比分析

常规能源热占比 38.08%，常规能源天然气占比 7.02%，常规燃油占比 6.37%。

2022 年，生态城合作区范围内碳排放总量为 46.46 万 tCO_2，其中外购电力排放因子采用生态环境部发布的《关于做好 2023—2025 年发电行业企业温室气体排放报告管理有关工作的通知》中提出的 0.570 3 tCO_2/MWh，外购热力排放因子采用发改委发布的《公共建筑运营企业温室气体排放核算方法和报告指南》（试行）中给出的缺省值 0.11 tCO_2/GJ。根据数据统计情况，生态城碳排放主要集中在电力调入和热力调入两个方面，合作区内两项占比合计超过 90%。生态城合作区碳排放强度为 145.3 tCO_2/（百万美元·a）（折合人民币 0.22 tCO_2/（万元·a）），人均碳排放强度为 4.74 tCO_2/（人·a），单位地域面积碳排放强度为 1.55 万 tCO_2/（km^2·a）。

2022 年，生态城光电和风电装机容量达 13.6 MW 和 4.5 MW，发电量达 15 万 MWh，节约标煤 1.05 万 tce，减少 CO_2 排放 2.55 万 tCO_2。垃圾分类收集率达 74.3%，日人均垃圾产生量 0.78 kg/（人·日）。非传统水资源利用率达 56.2%，日人均生活用水量 77.1 L/（人·日）。

2.2.6　获得荣誉与奖项

南部片区精品示范项目林立，2023 年荣获中国人居环境奖，是国家海绵城市建设试点、无废城市建设试点、智慧城市建设试点、"全球可持续发展标准化城市联盟"试点，先后获得 "Construction21 国际可持续发展城区解决方案奖全球第一名""国家绿色发展示范区""国家北方绿色建筑示范基地""国家全域旅游示范区"等荣誉（图 2-2-23）。

（a）Construction21 国际可持续发展城区　　　（b）全球可持续发展标准化
解决方案奖证书及奖杯　　　　　　　　城市联盟试点标牌

图 2-2-23　获奖情况

2.3　中新广州知识城南起步区

2.3.1　项目亮点

中新广州知识城南起步区，在规划和建设过程中充分利用本地特色并注重绿色生态环境保护措施的使用，打造凤凰湖"大海绵体"，上连九龙湖，下接金坑河，承担城市雨洪调蓄，兼备公园、景观等功能，控制集雨面积 5.15 km²。地块内采用小海绵系统，城区径流总量达到 85% 以上；在绿色出行方面，除了传统的绿道系统和城市公共交通系统，建立了 15 km 的风雨连廊为居民提供最前和最后 5 min 出行保障；在社区管理层面，借鉴新加坡的邻里中心理念，实现公共服务设施服务半径 5~10 min 生活圈；在产业方面打造知识经济，科技创新、领军人才基地，高新技术产业比例达到 100%。

专家点评：绿水青山就是金山银山。知识城南起步区深入贯彻绿色发展、因地制宜理念，充分利用本地优势，形成了"一心一湖两轴多组团"的独特规划结构。以凤凰湖为核心，打造城市蓝绿空间，形成片区的核心开敞空间；以水系为脉络，控制凤凰湖周边延伸的 4 个组合式绿廊；以南北向的开放大道和创新大道为纽带，塑造特色城市，特色轴廊界面和塔楼序列；以综合公共服务与行政功能为主，重点打造开放大道轴线；以知识产权为依托的产业服务功能为主，打造创新大道轴线。城区以凤凰湖为主，全面推进海绵城市建设，以高标准、严要求，全力打造区域特色的海绵城市发展体系，创建独特的"大海绵体"。知识城总体规划得到"全国优秀城市规划设计奖"的认可，荣获一等奖。

2.3.2　项目简介

中新广州知识城位于珠江三角洲核心区，粤港澳大湾区的湾顶，"一带一路"重要网络枢纽，广深港澳科技创新走廊的起点和核心创新平台。知识城是中新政府跨国合作标志性项目，双方在科技创新、高端制造业、人工智能、知识产权保护、智慧城市建设、城市管理升级等领域积极合作。项目南起步区是知识城启动区，总用地面积 $6.274\ km^2$，被定位为多元复合区，主要包括发展行政办公、商业商贸、医疗卫生、科技研发和生活居住等功能，无工业用地。南起步区位于知识城南部，西至花莞高速，北至知识大道，东至平岗河，南至凤湖一路（图 2-3-1）。南起步区是知识城绿色生态理念的重点示范点，在南起步区知识城率先启动了高标准绿色建筑示范建设、高标准海绵试点建设、高标准智慧城市示范建设、高标准绿色产业示范建设等工程，2022 年 8 月通过专家审查，并在当年 10 月获得国家三星级绿色生态城区实施运管标识证书。

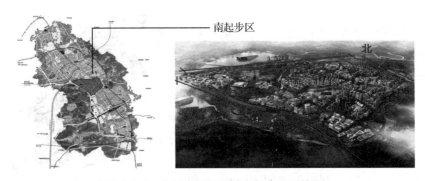

图 2-3-1　中新广州知识城南起步区区位图

1. 项目进度（图 2-3-2）

10 年耕耘，从阡陌桑田到现代新城。

创建期（2008—2010 年）：即中新合作序幕有序开启创建期（2008—2010 年）。2008 年 9 月，广东与新加坡提出了共同打造知识城项目的构想。在粤新双方领导人的共同推动下，2010 年 6 月 30 日中新广州知识城奠基。中新广州知识城将进一步推动和深化中新更广泛领域的合作，提高广东对外开放水平，促进珠三角产业升级转型，引领广东未来经济社会发展，打造代表广州、广东参与未来国际竞争的发展平台。南起步区作为中新广州知识城率先启动区，承担了中新两国生态城区、低碳产业、节能减排、可持续发展等理念落地的重

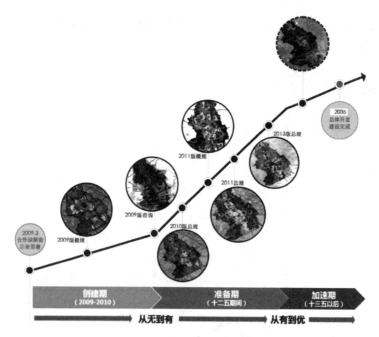

图 2-3-2　中新广州知识城发展历程

任，在 2008—2010 年启动阶段，南起步区针对绿色生态城区建设，将其纳入城市建设指标，紧抓绿色建筑核心任务，完善标准和政策机制，为后续生态城区发展建立政策和技术基础。

准备期（2011—2019 年）：即基础设施完善与产业入驻。2011 年 4 月，以南起步区为主的知识城主体道路与基础设施建设工程启动，2012 年 3 月，知识城第一个综合性商业园区——广州知识城腾飞科技园奠基，落户南起步区，随后腾飞广州科技园（新加坡中心）、广州东方国际医学谷、广东省知识产权服务园、院士专家创新创业园、万科、绿地、电信、联通等产业已入驻起步区，成为目前知识城创收的主体产业。经过近 10 年的开发建设，知识城南起步区城市主、次干路基本建成，通车，市政管网等基础设施健全，居住生活基本商业、教育等配套设施已竣工运行。目前入驻人口达到 3 万人，南起步区宜居、宜业活力城市风貌基本形成。

加速期（2020—2025 年）：即绿色生态发力期。前期南起步区在绿色建筑、海绵城市、非传统水源基础配套、垃圾资源化利用基础配套、绿色交通基础、绿色低碳产业、城市人文风貌等方面都有了基础。2020—2025 年期间，需要对现有基础进行综合分析，并在此基础上，建立健全、完善指标体系、专项规划。发挥现有基础优势，提升优化，在实现自身生态目标的同时，发挥南起步区启动示范作用，带动知识城其他功能片区的绿色生态工作有序开展。

运行期（2025—2030 年）：即经验总结及效益提升期。2025 年后南起步区基础设施、配套服务设施、产业、景观等基本建成，城市进入运营阶段，本阶段主要工作是根据前期的指标体系、专项规划对各项绿色生态任务进行评估与分析，发现问题，提出解决方案，为政府、企业、公众多方主体参与城市运营管理提供参考。

2.3.3　关键技术指标

中新广州知识城南起步区是知识城绿色生态理念的重点示范点，在南起步区知识城率先启动了高标准绿色建筑示范建设、高标准海绵试点建设、高标准智慧城市示范建设、高标准绿色产业示范建设等工程。相关指标参见表 2-3-1。

表 2-3-1　中新广州知识城南起步区项目关键指标

指标名称	数据	单位或比例等
绿地率	37	%
园林绿地优良率	100	%
节能型绿地建设率	100	%
噪声达标区覆盖率	100	%
二星级及以上绿色建筑比例	82.57	%
再生资源回收利用率	100	%
单位地区生产总值能耗降低率	3.09	%
单位地区生产总值水耗降低率	6.37	%
第三产业增加值比重	90.06	%
高新技术产业增加值比重	100	%
城区公益性公共设施免费开放率	100	%
每千名老人床位数	40	张
绿色校园认证比例	25	%

1. 因地制宜，打造华南高标准海绵城市

项目通过构建"自然海绵与人工海绵"相结合的城市海绵系统，提升了城市生态品质，增强风险抵抗能力。大海绵体系包括凤凰湖，上连九龙湖、下接金坑河，承担城市雨洪调蓄功能，兼备公园、景观等功能，小海绵体包括各个地块内部下凹式绿地、旱溪、透水铺装等海绵基础设施营造，并通过梯级绿化，逐层调蓄，逐层净化等形式对雨水进行调蓄利用。

2. 多措并举，建设最舒适绿色出行体系

一方面将慢性系统与知识城自然湖泊、河流等水系、城市绿道、公共空间等有机结合，并结合知识城特色风雨连廊设计，为居民出行、游客观赏游憩、日常健身等活动提供了保障，创造了知识城复合共享、精品细致的城市设计理念。

另一方面将公共交通站点结合城市地下空间、城市商业、商务等公共建筑建设，实现公共交通、自行车交通、步行交通等绿色出行方式的有效衔接。

3. 创新经济发展模式，建设知识产业集群

知识城发展研发服务、创意产业、教育培训、生命健康、信息技术、生物技术、能源与环保、先进制造 8 大支柱产业。南起步区建设产业平台，带动相应产业发展，以点带面，以面链接整体，充分实践"产业园区化、园区城市化"的发展模式。经统计，中新广州知识城年生产总值近 300 亿元，第三产业增加值达 90.06%。

4. 引智创城，以城建智

一是在软硬件建设方面，建设区级数据交换平台，完善办公自动化系统（OA）系统、建设 CIM 平台，全面推行智慧能源、智慧交通、绿色建筑信息化管理和审批监管大数据平台，为生态城区创建和发展提供高支撑平台；二是发展智慧产业，创建纳米智能技术科技园孵化器，实现从智慧数据管理向智慧产业链建设的转型。

全国首个 20 kV "花瓣式"智能电网，供电可靠性高达 99.999%。主要针对中新广州知识城内部高科技产业需求、负荷密度高度集中等问题，广州供电局以打造面向未来的智能电网示范区为目标，以及知识城南起步区作为南方电网智能电网的试点，实现了从变电站到用户端，新建电网 100% 按照智能电网的标准进行建设。

2.3.4　主要技术措施

中新广州知识城南起步区因地制宜，构建以绿色建筑、海绵城市、绿色出行、综合管廊、绿色投资等为重点的绿色发展框架体系，制定配套指标体系，量化城市绿色发展目标，推动知识城"生态化、绿色化、集约化、智慧化、创新化"发展。建设智慧试点城市，发挥知识城智力产业集聚优势，提升区域管理效率，构建生态城区数据监测、评估、反馈、优化体系，为城市运营积累更为准确数据。持续按照高质量发展绿色生态建设的要求，通过高品质的城市规划、人性化的城市设计，建设优美的生态环境、活力的城市氛围。

1. 土地利用

知识城南起步区严格按照上层规划要求，实施土地集约发展政策，实施交

通导向型土地开发模式如图 2-3-3（a）所示。规划采用中心型和居住型相结合的方式，并根据不同的用地构成对公交站点的布局进行灵活调配。知识城南起步区用地功能包括了商业、办公、居住、产业等用地，主导功能的用地比例不低于 50%，与主导用地混合的用地比例不低于 20%，南起步区 100% 混合开发如图 2-3-3（b）所示。

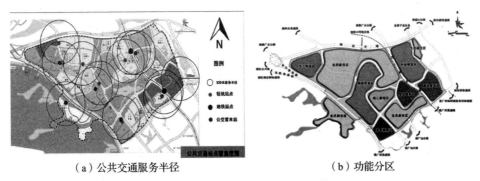

（a）公共交通服务半径   （b）功能分区

图 2-3-3　知识城南起步区土地利用和功能分区图

南起步区规划结构为"一心一湖两轴多组团"，"一心"为位于开放大道以西的起步区综合服务中心，"一湖"是指现有中心景观湖"凤凰湖"，"两轴"是指开放大道、创新大道两条功能发展轴，"多组团"是指位于核心区周边的多个城市功能组团如图 2-3-4(a) 所示。广州知识城南起步区以凤凰湖为核心，打造城市蓝绿空间，形成片区的核心开敞空间；以水系为脉络，控制凤凰湖周边延伸的四个组合式绿廊。南起步区以南北向的开放大道和创新大道为纽带，塑造特色城市特色轴廊界面和塔楼序列。重点打造开放大道轴线，以综合公共服务与行政功能为主；打造创新大道轴线，以知识产权为依托的产业服务功能为主；围绕凤凰湖构建南起步区的核心塔楼群；要求创新大道西侧塔楼天际线与帽峰山山脊线相呼应如图 2-3-4（b）所示。

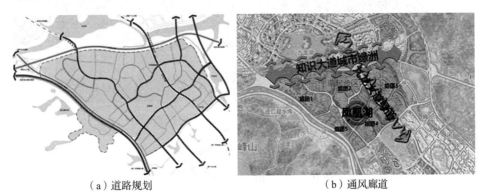

（a）道路规划   （b）通风廊道

图 2-3-4　知识城南起步区道路规划和通风廊道图

2. 生态环境

知识城属南亚热带季风气候区，地形以丘陵台地为主，地处山环水绕的自然资源空间格局内。区内水网密布，植被覆盖度良好，且植被类型物种丰富，拥有天然的优秀生态条件。东侧为"城市风廊"，两侧的山体林地是"城市绿肺"，区内的凤凰湖湿地公园是重要生态景观节点（图2-3-5）。为创建区域绿色生态氛围，南起步区选用了海绵城市、水体恢复、屋顶绿化以及发展绿色交通等一系列技术措施。知识城基于智慧城市平台，通过建设智慧环保工程，对城区内的大气、地表水质等环境要素进行在线实时化监管，实现自动在线监测、数据共享、自动超标报警及监测数据查询等功能（图2-3-6）。

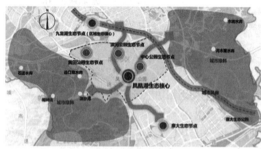

（a）生态环境管控分区　　　　　　　　（b）凤凰湖

图2-3-5　知识城南起步区生态环境管控分区和凤凰湖图

图2-3-6　知识城南起步区智慧城市展示图

3. 绿色建筑

为紧密围绕中新广州知识城"世界一流水平的生态宜居新城"的建设目标，以发展绿色建筑为突破口，将中新广州知识城建设成广州市乃至全国绿色建

筑示范区，南起步区作为知识城高星级绿色建筑先行先试区率先启动，新建民用
建筑 100% 推行绿色建筑，其中二星级及以上占 100%，三星级以上占 24.66%，
是知识城绿色建筑集中示范区。南起步区建成后全部建筑均为绿色建筑，其中
二星级及以上高星级绿色建筑比例占 82.57%（图 2-3-7、表 2-3-2），并采用工
业化建造技术，推行预制装配式结构设计。（图 2-3-8）。

图例

星级潜力分布

绿色建筑一星级潜力地块

绿色建筑二星级潜力地块

绿色建筑三星级潜力地块

图 2-3-7　绿色建筑星级布局图

表 2-3-2　已建、在建绿色建筑项目统计表

类型	星级	居住建筑		公共建筑		合计	
		建筑面积 /m²	占比 /%	建筑面积 /m²	占比 /%	建筑面积 /m²	占比 /%
已建 在建 项目	一星	1 382 214.72	55.17	270 299.68	16.00	1 652 514.40	39.40
	二星	996 423.10	39.77	1 353 388.10	80.11	2 349 811.20	56.02
	三星	126 600.00	5.05	65 775.40	3.89	192 375.40	4.59
新建 建筑 项目	一星	0	0	0	0	0	0
	二星	871 596.20	44.06	3 110 947.40	94.04	3 982 543.60	75.34
	三星	1 106 416.80	55.94	197 066.00	5.96	1 303 483.40	24.66
全部 建筑 项目	一星	1 382 214.72	30.83	270 299.68	5.41	1 652 514.4	17.43
	二星	1 868 019.3	41.67	4 464 335.5	89.33	6 332 354.8	66.79
	三星	1 233 016.8	27.50	262 841.4	5.26	1 495 858.2	15.78

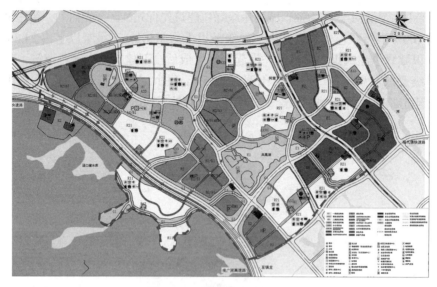

图 2-3-8　装配式建筑布局图

值得注意的是，不同类型的绿色建筑项目采用的技术措施略有不同，住宅类和学校类建筑项目，绿色建筑技术采用侧重于室外部分（图 2-3-9），而办公建筑项目采用的绿色建筑技术侧重于设备节能及室内环境营造部分（图 2-3-10），商住一体化项目采用的绿色建筑技术类型则较为全面（图 2-3-11）。

4. 资源与碳排放

南起步区位于北回归线以南，太阳辐射总量较高，日照时数比较充足，年太阳辐射总量在 4 400~5 000 MJ/m^2 之间，年日照时数在 1 700~1 940 h 之间，具有较好的太阳能技术利用条件。年平均气温 22.8℃，年温差 15℃~17℃；年平均降雨天数 150~160 d，平均降雨量为 1 500~1 700 mm，规划范围内水网密布，水域面积共 0.97 km^2，占总面积的 12.08%。城区内地形以丘陵台地为主，地处帽峰山、福和山、油麻山、凤凰河、平岗河等山环水绕的自然资源空间格局内。知识城植被类型物种丰富。

南起步区通过提高可再生能源利用效率、优化系统设备及降低管网漏损率等方式，从各方面控制能耗总量和碳排放量。南起步区以可再生能源利用优先，充分利用太阳能资源，可再生能源利用率达 2.39%（图 2-3-12）。设置燃气冷热电三联供分布式能源站，有效提高了区域能源综合利用效率。严格控制设备能效，超过 80% 的市政用能设备（给水泵、污水泵及雨水泵等）使用了节能高效设备。起步区建筑、交通、市政基础设施运营过程中 CO_2 排放量约 95.23 万 t。实施建筑节能、低碳交通、高效市政等有效降碳措施，并在此基础上实施可再生能源利用、绿化固碳等措施，减少起步区运营的 CO_2 排放，

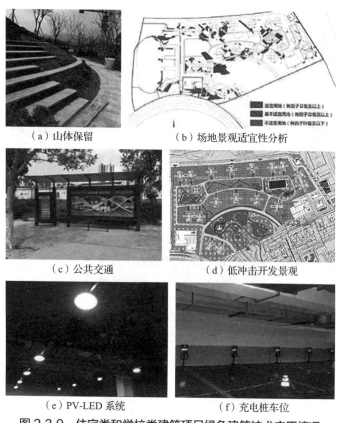

（a）山体保留　　　　　　　（b）场地景观适宜性分析

（c）公共交通　　　　　　　（d）低冲击开发景观

（e）PV-LED 系统　　　　　　（f）充电桩车位

图 2-3-9　住宅类和学校类建筑项目绿色建筑技术应用情况

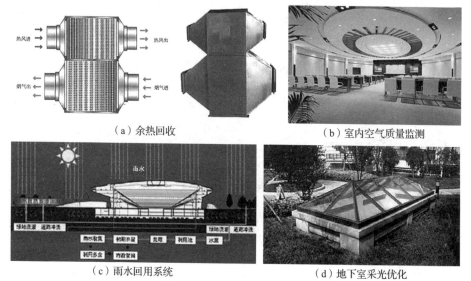

（a）余热回收　　　　　　　　（b）室内空气质量监测

（c）雨水回用系统　　　　　　（d）地下室采光优化

图 2-3-10　办公建筑项目绿色建筑技术应用情况

 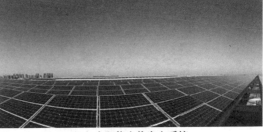

（a）雨水花园　　　　　　　　　　（b）太阳能光伏发电系统

（c）灵活隔断

图 2-3-11　商住一体化建筑项目绿色建筑技术应用情况

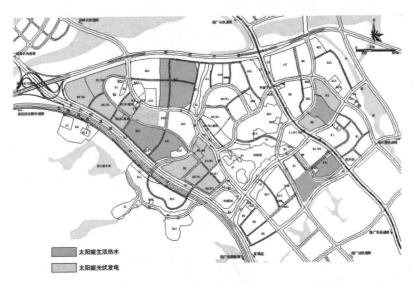

太阳能生活热水

太阳能光伏发电

图 2-3-12　知识城南起步区可再生能源技术应用分布图

经核算，起步区年可降低 CO_2 排放量约 3.91 万 t，知识城南起步区运营年实际 CO_2 排放量约为 91.32 万 t。

5. 绿色交通

南起步区交通贯彻生态、低碳的规划理念，采用"快、慢结合"的规划策略，创建灵活便利、高可达性的绿色交通。建设包括人行道，居住区步行系统、城市滨河及林荫道和城市广场在内的慢行通道体系，打造安全、健康、趣味性强的慢行廊道系统。区内有多条内部公交线路，连通各个区域；区外有公交快线，连接外部交通，并与起步区内交通骨架线功能形成互补（图 2-3-13）。鼓励低碳型交通方式出行，预计到 2030 年，南起步区车辆节能减排标准可达到国际领先水平，清洁能源公交比例达 100%，配建电动汽车充电设施的公共停车场比例达 100%，同时建有自动驾驶的共享新能源电动汽车平台（图 2-3-14）。此外，南起步区强化交通信息诱导，建立交通信息化平台，实现道路交通智慧管理（图 2-3-15）。

（a）公交站点

（b）慢行系统

图 2-3-13　南起步区公交站点和慢行系统规划图

|（a）步行道和自行车道|（b）公共交通|

图 2-3-14　知识城南起步区步行道和公共交通实景图

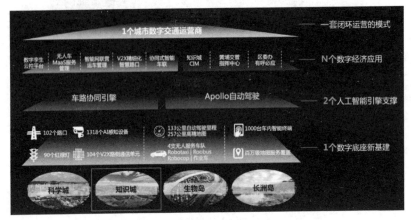

图 2-3-15　知识城南起步区智慧交通图

6. 信息化管理

知识城作为国家智慧城市的第一批试点项目，以"互联网+"为发展引擎，推进互联网与社会各领域深度融合。南起步区智慧平台以广州市和黄埔区智慧城市平台为基础，结合自身实际需求不断完善。大力推进智能变电站、智能配电网、分布式能源、智能电网通信、智能用电服务、电动汽车充（换）电综合服务等技术应用，开展"互联网+"智慧能源示范，建设园区综合能源管理平台、电力智能综合管理平台。将建筑、交通、照明等纳入智慧管理平台，实现城市智慧互联，智能生活。知识城南起步区与知识城智慧交通系统对接，在智能交通方面规划建设智慧交通精准诱导，利用先进的信息技术、数据传输、电子传感，控制技术及计算机技术等集成并运用于知识城交通系统，开展道路监控、交通诱导、流量均分等工作，为车主提供实时出行信息，为中期道路规划管制提供决策依据，提升知识城交通管理的效率。目前，智慧道路系统已实现对危化车运行状况实时监控。按照交通管理的需求，城市道路传感终端实现了 100% 安装。区域内的公交、出租车、如约巴士实现了 100% 安装（图 2-3-16）。

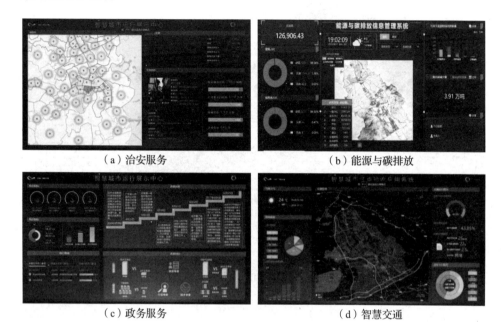

（a）治安服务　　　　　　　　　　　（b）能源与碳排放

（c）政务服务　　　　　　　　　　　（d）智慧交通

图 2-3-16　南起步区智慧管理平台图

7. 产业与经济

南起步区作为金融、知识、信息、房地产等各类企业总部汇聚区域，在企业入驻过程中，要求企业有严格的节能减排意识，加强新材料、新能源技术研发和节能环保、绿色低碳技术的应用。知识城产业规模稳步提升，2020 年完成固定资产投资超 583 亿元，累计完成固定资产投资超 2 614 亿元，累计注册市场主体 2.4 万家，注册资本近 4 815 亿元，引进重点项目 165 个，包括 GE 生物、百济神州、诺诚健华、绿叶生物、创维、中国移动、中国联通、中国电信、宝能汽车等（图 2-3-17）。预计到 2025 年，知识城生产总值达到 1 000 亿元。

8. 人文

南起步区对历史文化和资源规划遵循统一规划、分类管理、保护优先、合理利用的原则，对不可移动文物和历史建筑进行全面的系统保护。知识城南起步区规划范围内共计 3 处历史文化资源，主要包括子和陈公祠、世盛陈公祠和 1 处推荐历史建筑（群）线索（图 2-2-18）。建设知识城展示中心，将城市产业定位、产业现状、城市规划理念、规划方案等纳入展厅，定期免费向市民

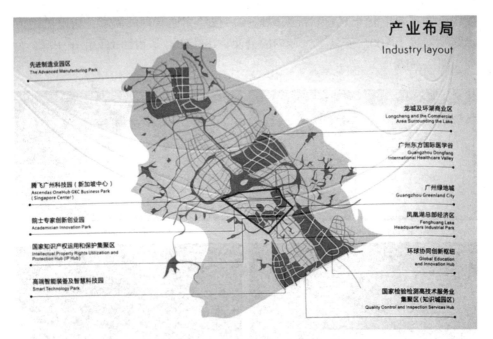

图 2-3-17　知识城南起步区产业与经济图

（a）历史文化资源保护规划图

（b）子和陈公祠（图片来源于网络）

（c）世盛陈公祠（图片来源于网络）

图 2-3-18　知识城南起步区历史文化资源保护

展示。将起步区的经济发展情况、规划情况等向公众展示宣传。并与广州市紧密衔接，也作为知识城及广州市对外展示的一个重点平台，同时，提供绿色金融、可持续金融交流平台（图 2-3-19）。南起步区成立城区绿色生态城区建设管理领导小组，主要职责负责生态城区建设日常组织工作、制定绿色生态城区建设计划、宣传等工作。组织集中学习，通过学校、广播、电视、网络等途径组织城区居民集中学习绿色生活和消费方式。鼓励个人学习，定期更新《绿色建筑与低碳生活》手册，并进行实地发放，保障每个人对绿色生活和消费措施有所认知（图 2-3-20）。此外，南起步区内无障碍设施结合慢行交通同时设计、同时建设，设施健全。南起步区无障碍设施 100% 覆盖，如过街设施平面过街交叉口，盲道延伸至安全岛，为行人提供最安全过街指导。南起步区内立体过街设施，设置无障碍电梯。

（a）知识城规划展示厅　　　　　　　　（b）绿色金融创新中心

图 2-3-19　知识城南起步区展示平台和绿色金融创新中心

（a）知识手册　　　　　　　　　　　（b）绿色生活活动

图 2-3-20　知识城南起步区绿色建筑与低碳生活手册及绿色生活活动

2.3.5　低碳发展效益

知识城南起步区分别产生了较好的社会效益、经济效益和环境效益。

（1）社会效益：区域绿色生态建设将为中心广州知识城、广州及夏热冬暖地区提供可复制、可推广的经验；区域建设完成后将是知识信息产业总部经济集聚区，吸纳创新型人才就业落户，提高城区高等人才比例；知识城南起步区从经济体系、科技创新、营商环境、对外开放、城市治理等方面先行先试，推动形成引领广东乃至全国改革开放和现代化建设的新局面。

（2）经济效益：聚焦战略性新兴产业，打造知识经济新高地。打造环湖总部经济带，完善会议、商务等相关功能配套，将南起步区打造为城市核心、生态绿心、市民活动中心；打造粤港澳创新合作示范区、中新国际科技创新合作示范区，加快建设生物医药、集成电路、智能制造、新一代信息技术 4 大价值创新园，促进产业集聚集群集约发展和绿色产业链的形成；全力聚焦战略性新兴产业，推动产业招商扩容提质，重点产业领域龙头项目密集落户，产业链上下游配套项目加速集聚。

（3）环境效益：中新广州知识城南起步区科学合理规划生态结构，结合区域的城市风廊、城市绿肺，衔接知识城生态空间网络，形成"一核、两轴、三节点"的生态空间格局，通过把控南起步区整体的生态空间结构，发展区域的生态环境建设与保护工作，实现具有绮丽的自然风光、优美的城市绿化、生态自然环境美好的区域。实施建筑节能、低碳交通、高效市政等有效降碳措施，并在此基础上实施可再生能源利用、绿化固碳等措施，知识城南起步区减少起步区运营的 CO_2 排放，经核算起步区年可降低 CO_2 排放量约 3.91 万 t，知识城南起步区运营年实际 CO_2 排放量约为 91.32 万 t。相比于标准水平，人均碳排放量降低了 9.5%，单位用地面积碳排放量降低了 48.22%。

2.3.6 获得荣誉与奖项

知识城旨在将知识城打造成全球知识经济高地、全球创新产业集群标杆、全球智慧城市典范，努力建设一座让世界刮目相看的百年精品之城。2020 年，被授予国家三星级绿色生态城区设计标识认证如图 2-3-21（a）所示。同年，由中新广州知识城开发建设办组织编制的"中新广州知识城色彩规划"（郭红雨教授主持）荣获法国 NDA 金奖，这是国内城市色彩规划首次获得的国际奖项如图 2-3-21（b）所示。2021 年，中新广州知识城及协同发展区总体规划（2018—2035 年）荣获 2019 年度全国优秀城市规划设计奖一等奖。同年 11 月，新加坡共和国副总理兼经济政策统筹部长王瑞杰为知识城授予"通商中国企业奖"，这也是知识城自苏州工业园之后，第二个获此殊荣的中新国家级合作项目如图 2-3-21（c）所示。2022 年，正式获得国家三星级绿色生态城区实施运管标识证书如图 2-3-21（d）所示。

（a）三星级绿色生态城区规划设计标识　　　　　（b）法国 NDA 金奖

（c）通商中国企业奖　　　　　　（d）三星级绿色生态城区实施运管标识

图 2-3-21　荣誉与奖项

2.4　漳州市西湖生态园片区

2.4.1　项目亮点

　　项目紧邻九龙江西溪和圆山风景区，水系贯通、植被丰富，空气质量佳，自然生态环境质量优异；将步行交通系统和绿道系统融合，兼顾休闲观光与城市通勤要求，形成景观丰富、便捷舒适，成环成网的城市慢行交通系统；整合原有水系和地形地貌、保留古树名木和文物古迹，为西湖的生态特色建设创造条件；依托片区生态果林植被资源优势，建设生态农业观光、休闲农场、科普教育农园等设施，实现"生态西湖 + 特色农业 + 休闲观光 + 健康养生 + 农耕文化"的发展模式。

专家点评：设计尊重自然生态，依托原始地形展开，保留多个山丘、古树和生态林斑块，将水体景观和原有的生态植被密切结合，形成城市功能与自然景观相融合的城区形态。慢行交通系统与公共交通设施便捷接驳，与城市建筑的功能组织和空间布局有机衔接，结合周边自然景观、公共场所和建筑空间，同时将绿道系统融合其中，兼顾休闲观光与城市通勤要求。通过制定各类关于生态环境建设的规划控制措施，城区对西湖生态园片区的绿地、湿地、海绵城市建设、场地防洪、土壤污染、地表水质量、空气质量、噪声质量、垃圾分类处理等各个方面进行严格管理，保障城区生态环境质量的可持续发展。

2.4.2 项目简介

漳州市西湖生态园片区项目位于福建省漳州市芗城区芝山镇，南起北江滨路，北至金峰水厂、迎宾西路、北环城路，东起惠民路，西至九龙江西溪，总用地面积约 4.92 km²，规划人口约 8 万人。项目所属地区属南亚热带海洋性季风气候，气候温和，年平均气温 21.1℃，年均相对湿度 79%，全年日照 2 060 h，全年雨量 1 450~1 612 mm 左右。项目由漳州城投集团有限公司投资建设，上海同济城市规划设计研究院和漳州市城市规划设计研究院共同设计，浙江大学建筑工程学院绿色建筑与低碳城市建设研究中心完成规划咨询工作。项目规划定位为——引领漳州西部发展，以环湖为核心，营造自然生态优美、配套功能完善的市民公共休闲场所，打造集商务宜居、文化旅游、品质人文为一体的综合片区。项目紧邻九龙江西溪和圆山风景区，水系贯通、植被丰富，沿江岸线 3.8 km，湖体总岸线约 21 km，片区整合原有水系和地形地貌、保留古树名木和文物古迹，为西湖的生态特色建设创造条件。

项目于 2019 年 9 月获得国家绿色生态城区三星级规划设计标识。园区效果图如图 2-4-1 所示。

项目进度：西湖生态园片区目前已完成谢溪头、渡头、前山、上坂、康山和林内 01 地块安置房竣工验收，并陆续完成移交安置工作，林内 02 地块计划于 2023 年底完工；已完成漳州一中高中部建设并投入正式使用；已完成渡头、上坂、康山、林内 4 所小学已竣工验收，谢溪头小学计划于 2022 年底竣工；已完成 17 条新建市政道路竣工验收，剩余 3 条道路计划于 2022 年底竣工；核心区景观工程计划于 2023 年元月正式开园。同时，吸纳各大著名商业地产入驻，共竞拍取得 6 块住宅用地，正在进行建设。

图 2-4-1　漳州市西湖生态园片区效果图

2.4.3　关键技术指标

漳州市西湖生态园具有繁茂的植被与绿化，规划绿地率高达 45.26%，经测算大面积绿地和水体的调节使得热岛强度仅为 0.8℃；区域内空气质量良好，年空气质量优良日达 300 d，PM$_{2.5}$ 浓度达标天数 362 d；通过全面执行建筑节能标准，推进绿色建筑、零碳建筑建设以及可再生能源技术利用，区内可再生能源利用量占能源需求总量的百分比达 12% 以上。此外，依托片区生态果林植被资源优势和龙眼山公园，建设生态农业观光、休闲农场、科普教育农园等设施，实现"生态西湖 + 特色农业 + 休闲观光 + 健康养生 + 农耕文化"的发展模式，片区规划都市农业区域面积约 5 000 m^2，占片区总用地面积的 1.02‰。片区还建有绿道系统，包括综合慢行道和滨水休闲步行道，经测算总长度达 22.3 km，绿道结合城市景观、绿化和公共空间，串联水体、公园和绿地，无缝衔接了居住区、公共服务设施和生态景观，给市民提供了一个良好的休闲游憩场所。具体的生态城区关键技术指标参见表 2-4-1。

表 2-4-1　漳州市西湖生态园项目关键指标

指标	数据	单位或比列等
城区面积	4.88	km^2
除工业用地外的路网密度	8.54	km/m^2
公共开放空间服务范围覆盖比例	100.00	%
绿地率	45.26	%
节约型绿地建设率	91.10	%

续表

指标	数据	单位或比列等
噪声达标区覆盖率	100.00	%
二星级及以上绿色建筑比例	47.70	%
装配式建筑面积比例	0.00	%
可再生能源利用总量占一次能源消耗总量比例	12.96	%
设计能耗降低 10% 的新建建筑面积比例	75.00	%
绿地交通出行率	76.00	%
单位地区生产总值能耗降低率	10.69	%
单位地区生产总值水耗降低率	15.52	%
第三产业增加值比重	67.00	%
每千名老人床位数	111	张
绿色校园认证比例	100.00	%

2.4.4 主要技术措施

西湖生态园片区整合原有的水系、古树和文物，建设景观工程、道路、安置房、教育医疗设施、商品房、商务商业办公等项目，依托漳州城市中心区，努力打造"江湖、山水、两岸、产城互动交融的生态园区""田园都市、生态之城"的样板工程。

城区规划从土地利用、生态环境、绿色建筑、资源与碳排放、绿色交通、信息化管理、产业与经济及人文等 8 个方面采取技术措施，建设资源节约、环境友好的绿色生态城区。

1. 土地利用

（1）公交导向的混合用地开发模式

城区围绕厦漳城际轨道站点、有轨电车主站点和公交车主站点，以 400~800 m（5~10 min 步行路程）为半径进行土地混合开发，对周边土地的空间尺度、开发强度和混合利用度进行规划设计，形成紧凑布局、混合使用的用地形态，实现以公交站点为核心组织的邻近土地的综合利用。土地利用规划如图 2-4-2 所示。城区公交站点周边土地采用混合开发模式的比例达到 99.03%。

（2）城市布局的合理规划

城市道路等级体系由主干路、次干路和支路三个等级构成，根据现有道路和地形条件，尽量减少对自然环境的影响，道路采用曲线与方格网结合的形式。其中主干道一般是依山就水，相对自由曲折；而次干道与支路则一般成方

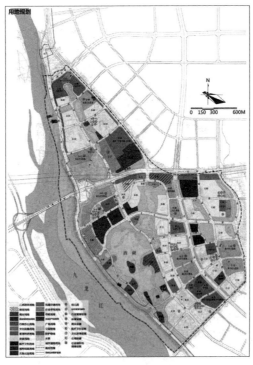

图 2-4-2　土地利用规划图

格网式结构布置在各主干道之间。城区道路系统由 6 条主干路、6 条次干路和 11 条支路构成。城区内道路系统为"三横三纵"骨架路网系统，与城区内部次干路、支路形成完整路网体系。根据统计分析，西湖生态园区内道路网总密度为 8.54 km/km^2，其中干路网密度为 6.54 km/km^2，支路网密度为 2.0 km/km^2。

（3）通风廊道与连续城区开敞空间

根据漳州的地理位置、气候、地形、环境等基础条件，考虑全年主导风向，制定了城区通风廊道规划。主级通风廊道遵循与主导风向走势基本平行原则布置，南北长轴方向主级通风廊道由片区范围内主次城市干道构成，东西向短轴方向主级通风廊道以主要开敞空间及城市快速路构成；次级通风廊道主要构成要素为城市次干道与局地绿化（包括地块内中心绿地与道路绿化）等，其布置路径多与"东西向风"主导风向平行，通风廊道的宽度不小于 50 m。主、次级通风廊道示意如图 2-4-3 所示。

城区开敞空间以城市公园与郊野公园为主，均匀分布在整个城区各处，可达性较好，城市公园规模较大，连续性强，开敞空间辐射影响范围大。

（4）城市设计理念与策略

漳州市西湖生态园片区城市设计将现代商业商务办公与文化休闲旅游相结

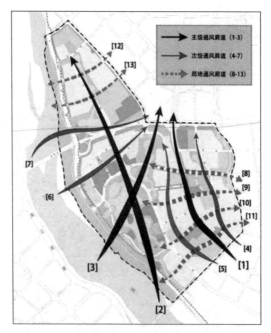

图 2-4-3　漳州生态园片区通风廊道示意图

合，塑造以人为本、环境优先的新都市形象。设计尊重自然生态，塑造堤内堤外一体化的城市开放公共空间，形成城市功能与自然景观相融合的城市形态，如图 2-4-4 所示。

项目在城市设计中对重要景观控制界面、重要城市生活路径、公共空间标志性建筑、重要景观节点进行控制。建立了城市空间、景观环境、建筑形式的指导性指标，进行引导和要求，包括人口容量、用地兼容性、出入口方位等。

2. 生态环境

（1）优异的自然环境质量

2018 年，漳州市西湖生态园区全年空气质量有效监测天数 365 d，其中达到或优于二级的天数为 330 d，空气质量优良率为 95.9%。$PM_{2.5}$ 日平均浓度小于 0.075 mg/m^3 的天数为 362 d，年平均浓度为 0.032 mg/m^3。

为确保西湖水质达到Ⅳ类地表水标准，该城区采取了污染源控制措施及水生态系统构建技术，水体透明度达 1.2 m 以上，水生植物覆盖率达 60% 以上。

城区土壤氡浓度检测全部合格，场地土壤质量满足《土壤环境质量标准》（GB 15618）要求。

（2）丰富的自然景观和生态体验

本项目中心西湖的水体规划建设依托原始地形展开，保留多个山丘，形成湖面、曲水、瀑布等多样的水体景观。同时，城区内共保护了三十余棵古树和

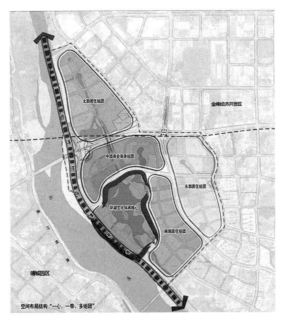

图 2-4-4　漳州西湖生态园片区规划结构图

多片生态林斑块，将水体景观和原有的生态植被密切结合，形成密林峡谷、林中湿地等生态景观。项目的绿地总面积约为 2.42 km²（其中包含水体 0.41 km²），绿地率达 45.26%，如图 2-4-5 所示。

保留古木和生态斑块

图 2-4-5　漳州生态园片区建设后湿地图

（3）规范地环境控制措施

本项目编制了《漳州环境保护与生态环境建设规划》《漳州市西湖生态园片区海绵城市建设系统方案》《漳州市西湖生态园区垃圾管理措施》等规划。通过制定各类关于生态环境建设的规划控制措施，城区对西湖生态园片区的绿地、湿地、海绵城市建设、场地防洪、土壤污染、地表水质量、空气质量、噪声质量、垃圾分类处理等各个方面进行严格管理，保障城区生态环境质量的可持续发展。片区绿地景观系统规划图和防洪水闸工程示意图分别如图 2-4-6 和图 2-4-7 所示。

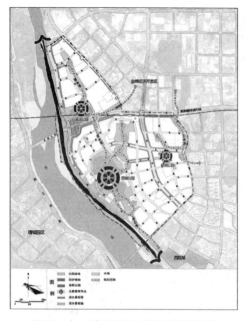

图 2-4-6　片区绿地景观系统规划图

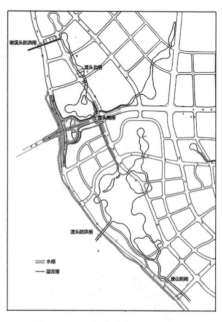

图 2-4-7　防洪水闸工程示意图

3. 绿色建筑

（1）高标准的绿色建筑建设

城区编制了《漳州市西湖生态园片区绿色建筑专项规划》，要求城区内新建民用建筑全面按一星级绿色建筑强制性标准建设，实现绿色建筑全覆盖；新建民用建筑中，要求获得二星级及以上绿色建筑标识认证的建筑面积比例达到 40%以上，获得三星级绿色建筑标识认证的建筑面积比例达 4%以上；国家机关办公建筑和以政府投资为主的公共建筑，获得二星级以上绿色建筑标识认证的建筑面积比例达 100%；新建大型公共建筑（2 万 m^2 以上的办公、商场、医院、宾馆）中，获得二星级以上绿色建筑标识认证的建筑面积比例达 50%以上。

（2）完善的绿色建筑保障体系

城区内建立了完善的绿色建筑建设管理流程，建设管理部门分别对绿色生态专业规划环节、土地出让环节、地块建设环节以重点指标的落地为最终目标，进行技术审核控制，实施创新"环环相控"的技术监管模式。

建立绿色建筑信息管理系统平台，通过信息技术手段，提升城区绿色建筑的建设管理水平，并为城区规划、建设管理工作中提供准确的统计数据。

（3）典型绿色建筑案例

城区内代表性项目以漳州一中高中部为例，2021 年，漳州一中高中部（礼堂、体育馆、图书馆、艺术楼、实验楼 1~3 号楼、教学楼 1~6 号楼）获得绿色建筑二星级设计标识，漳州一中高中部（行政楼）获得绿色建筑三星级设计标识，该项目效果图如图 2-4-8 所示。

图 2-4-8　漳州一中效果图

该学校在节地与土地资源利用方面，实现了场地的生态设计，下凹式绿地面积的比例达 36.93%，透水铺装比例达 50.45%，场地年径流总量控制率超过 70%，获得了很好的生态效益；在节能与能源利用方面，采用了热工性能较高的围护结构，同时选用节能电梯等节能设备；在节水与水资源利用方面，设计了雨水回收系统，设置了 5 个收集水池，收集的雨水用于绿化浇灌、路面和地下室冲洗，非传统水源利用率为 8.3%；在节材与材料资源利用方面，全部采用预拌混凝土，并且 400 MPa 级以上的受力普通钢筋比例达 89.32%，可循环材料比例达 10.15%；在室内环境质量方面，全空气系统设置了 CO_2 监测装置与新风联动，在地下车库设置了 CO 浓度传感器及 CO 控制器，并联动控制送、排风机，确保空气质量；还进行了项目碳排放的计算分析，量化计算了建材生产、建材运输、建筑建造、建筑运行、建筑拆除 5 个阶段的碳排放，并且计算了采用绿色建筑技术后的碳减排量，进一步明确了绿色建筑的环境效益。

4. 资源与碳排放

（1）低碳排放的城区建设

城区从建筑、产业、交通、基础设施、水资源、废弃物处理、景观绿化等方面出发，编制了《漳州市西湖生态园片区减碳实施方案》，制定了减碳目标，并通过常规模式和低碳模式两种维度进行城区碳排放情景分析。预计规划年漳州西湖生态园城区人均碳排放量为 2.17 t/（人·a），人均碳排放量较 2018 年漳州市人均碳排放量降低 60% 以上。城区年碳排放量计算见表 2-4-2。

表 2-4-2　城区年碳排放量计算表

行业	常规模式		低碳模式		减排比例 /%
	年碳排放量（tCO$_2$/a）	占比 /%	年碳排放量（tCO$_2$/a）	占比 /%	
建筑	132 908.10	56.0	105 900.33	61.1	20.3
产业	31 251.86	13.2	23 440.1	13.5	25.0
交通	35 287.93	14.9	19 074.22	11.0	45.9
市政	2 591.53	1.1	1 221.69	0.7	52.9
水资源	14 259.38	6.0	13 454.72	7.8	5.6
固废物	42 632.00	18.0	37 960.00	21.9	11.0
景观绿化	−21 684.14	−9.1	−27 632.97	−15.9	27.4
合计	237 246.66	100.0	173 418.09	100.0	26.9

（2）高效的水资源利用

本项目编制了《漳州市西湖生态园片区水资源规划方案》，对城区进行雨水回收和中水利用。其中回用雨水用于绿化浇灌、道路冲洗、水景补水、洗车等；引入漳州西区污水处理厂的部分中水，用于规划区内公共建筑的冲厕用水。经计算，西湖生态园非传统水源利用率可达到 8.9%，中水利用率可达7.5%。中水工程规划如图 2-4-9 所示，雨水工程规划如图 2-4-10 所示。

（3）可再生能源综合利用

根据《漳州西湖生态园片区低碳专项规划》要求，城区内 12 层及以下的住宅建筑为全体住户配置太阳能热水系统；12 层以上住宅建筑，顶部 6 层住户配置太阳能热水系统。公共建筑仅采用太阳能热水系统或空气源作为可再生能源利用装置时，供量应不小于建筑物生活热水量的 80%。当仅采用地源热泵空调系统作为可再生能源利用装置时，其承担暖负荷的比例不少于 20%（无稳定热负荷需求的建筑除外）。经计算规划城区可再生能源利用总量占一次

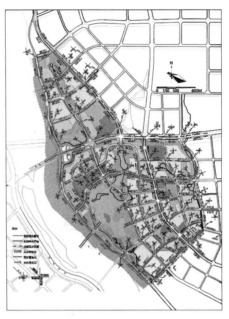

图 2-4-9　西湖生态园片区中水工程规划图　　　图 2-4-10　雨水工程规划图

能源消耗量总量的比例达到 12.96%。

（4）固废资源化利用

在源头将生活垃圾进行分类投放，并通过分类收集、分类运输和分类处理，实现垃圾减量化、资源化和无害化；建立与分类品种相配套的收运体系，建立与再生资源利用相协调的回收体系，完善与生活垃圾分类相衔接的终端处理设施；逐步开展建筑垃圾分类收集和循环利用的探索工作，加强渣土垃圾的综合利用；生活垃圾资源化利用占比达到 73%。

5. 绿色交通

（1）发达高效地多样化公共交通系统

本项目由城际轨道、有轨电车、纯电动公交等构建多样化、高可达性的多层次融合公共交通网络系统。厦漳泉城际轨道 R3 线，是实现厦门、漳州和泉州之间快速联系的公共交通干线，是城区居民和游客进出的主要公交方式；作为西湖生态园内部的主要交通方式，有轨电车线路环绕西湖园区的核心区域，将快速联系生态园区内部核心景观区域、人流聚集区域以及公共服务设施的公共交通通道；常规公交采用纯电动公交系统，布局规划合理，实现了公交同轨道交通站点、重要枢纽的高效接驳。城区绿色公交规划如图 2-4-11 所示。

（2）完善通达地绿色慢行交通系统

项目建立了公共空间步行系统、滨水步道系统、空中步行系统和街道层步

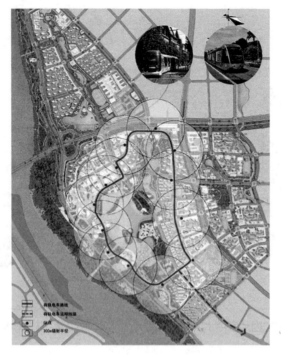

图 2-4-11 城区绿色公交规划图

行系统 4 大系统，结合漳州中心城区的绿道系统，构成通达的慢行交通系统。慢行交通系统与公共交通设施便捷接驳，与城市建筑的功能组织和空间布局有机衔接，结合周边自然景观、公共场所和建筑空间，同时将绿道系统融合其中，兼顾休闲观光与城市通勤要求，形成景观丰富、便捷舒适，成环、成网的城市慢行交通系统。城区综合慢行系统总长度达 22.3 km，如图 2-4-12 所示。

（3）灵活布局的公共停车系统

公共停车场的布局符合"小型、分散、就近服务"的原则。鼓励采用地下、地上多层停车楼、机械停车库等多种方式。根据规划区功能与用地布局，规划主要结合绿地、公建设施、邻里中心等空间布设公共停车场，共规划设置了 18 处公共停车场，如图 2-4-13 所示，轨道交通分布图如图 2-4-14 所示。

根据《漳州市中心城区电动汽车充电基础设施专项规划（2018—2020）》，西湖生态园片区内充电桩设施，以配建停车场设置为主，公共停车场为辅，共设置公共充电桩 508 个。

（4）积极落实的交通管理方式

通过调整对外客运枢纽布局，将使城市交通需求分布更为均衡，减少城市

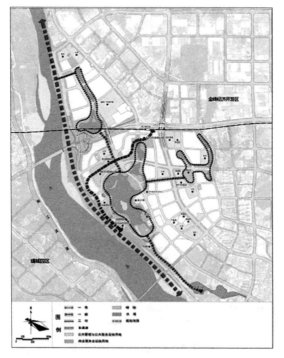

图 2-4-12　城区慢行系统规划图

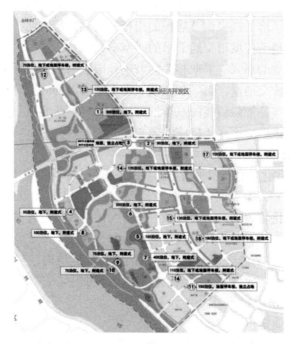

图 2-4-13　公共停车场布局规划图

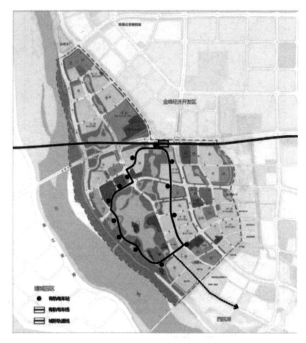

图 2-4-14　轨道交通分布图

内部交通总量，使各种运输方式之间的衔接更方便，以提高服务质量。

通过灵活的经济杠杆来调节居民的出行方式和出行时间，同时结合区域差别化政策，有效地调控城市交通需求的时空分布。

通过政策法规的形式，采取相关的鼓励和限制措施，削峰填谷，减少高峰时段的高流量潮汐交通量，引导和调节城市交通需求的时空分布。鼓励居民购买使用新能源汽车，加强新能源汽车推广应用，严格落实漳州市出台的《关于加快新能源汽车推广应用六条措施的通知》。

6. 信息化管理

充分利用现代化信息技术手段与新兴服务模式，整合信息中心、交通运输部门、城建部门、气象部门和公交企业等多部门资源，建立漳州西湖生态园片区绿色基础设施信息化管理平台，囊括城区能源与碳排放信息管理系统、绿色建筑建设信息管理系统、智慧公共交通信息平台、公共安全系统、环境监测系统等13个信息化系统。平台规划设置在西湖区湖心岛建筑内，与西湖景观工程同步进行设计和建设，成为整个绿色生态城区的数据中心，如图 2-4-15 所示。

7. 产业与经济

（1）城区产业定位

漳州西湖生态园片区拟构建"一心一带三区"的产业空间发展框架体系。

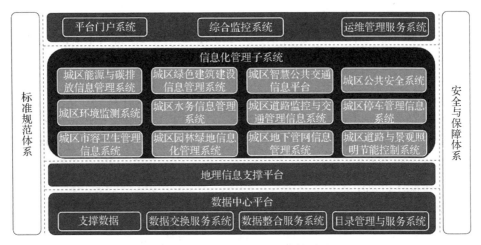

图 2-4-15　信息化管理体系

环湖核心：由商业商务功能核心、文化休闲功能核心、交通功能核心组成。"一带"：西溪滨水生态旅游产业带。"三区"：按照产业布局形成的东、南、北三个不同功能片区，如图 2-4-16 所示。

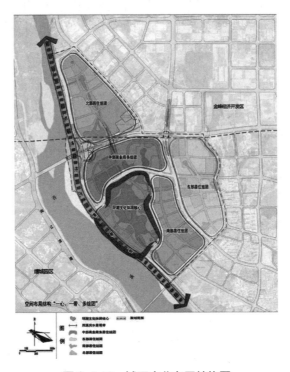

图 2-4-16　城区产业布局结构图

根据规划目标，规划年城区的单位地区生产总值能耗为 0.104 tce/ 万元生产总值，城区能耗年均进一步降低率达 2.1%；规划年城区的单位地区生产总值水耗为 63.71m²/ 万元生产总值，城区水耗年均进一步降低率为 3.4%。

（2）城区产业结构与产城融合

预计规划年城区生产总值 80.36 亿元，第三产业增加值为 53.9 亿元，第三产业增加值占地区生产总值的比重达 67%。预计规划年城区能提供约 6 万个就业岗位，城区在就业居人口居住数量约为 8 万人，职住平衡比约为 0.75，能较好地实现职住平衡。

（3）城区特色产业

依托片区生态果林植被资源优势，在龙眼山公园建设环湖生态农业观光带、休闲农场、科普教育农园等设施，实现"生态西湖 + 特色农业 + 休闲观光 + 健康养生 + 农耕文化"的发展模式，城区内规划有都市农业区域，面积约为 5 000 m²，地块用地面积占整个城区的比例为 1.02‰。

8. 人文

（1）以人为本的设计理念

漳州西湖生态园片区的规划建设鼓励公众的参与，参与形式主要包括方案和规划公示、市政府汇报会、规划小组讨论会、现场实地调研考察；参与机构包含政府机构、非政府机构、专业机构和居民等。公众可以参与规划设计的全过程。网上公示规划方案网上方案和规划公示让公众实时了解西湖生态园区的规划建设动态。

（2）高标准的养老服务体系

漳州西湖生态园片区内的公共配套设施依据《漳州中心城区管理单元控制性详细规划》《漳州市中心城区公共服务设施专项规划（2013—2030）》的要求进行设置。其中包括综合医院（200 床）、老年专科医院（120 床）、芗城区养老院（300 床养老院 +250 床养护院）。同时，西湖生态园 7 个社区内每个社区配置 1 处邻里中心，每处邻里中心都配备卫生养老设施。千人养老床位数达到了 111 张。如图 2-4-17 所示。

（3）绿色教育

城区内共设有 9 所中小学，其中小学 5 处，中学 4 处，如图 2-4-18 所示。漳州一中高中部计划参评三星级绿色建筑，其余 8 所中小学计划参评二星级绿色建筑，规划取得绿色校园认证比例达 100%。

同时拟构建湖心岛绿色展示平台，设立绿色生态展示馆向公众展示和介绍绿色生态城区规划设计和建设的背景、理念、技术和策略，普及绿色生态和节能减排知识，引导公众践行绿色生活，湖心岛建设工程效果图如图 2-4-19 所示。

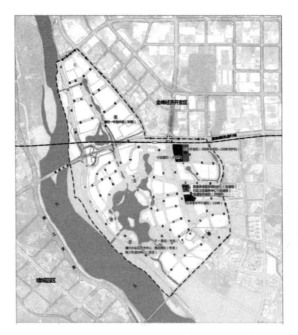

图 2-4-17　城区养老床位分布图

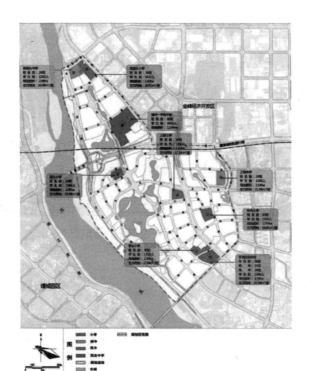

图 2-4-18　城区中小学规划图

图 2-4-19　湖心岛建设工程效果图

（4）历史文化

康山村位于芗城区芝山镇东南方向，东靠金峰，南接九龙江，北毗林内村，西临渡头村，由康山、七姓、岭下三个自然村组成，总面积 1 500 亩（1 亩 ≈ 666.7 m^2）。村中保存有漳州市级保护单位"七姓佛祖庵" 1 座、"康山元真宫" 1 座，保存有"康山林氏宗祠" 1 座。项目规划时，保留了村落中一些特色建筑元素，并打造特色临水文化小镇，如图 2-4-20 所示。

图 2-4-20　既有建筑保护与更新

2.4.5　低碳发展效益

漳州市西湖生态园项目基于场地所处地区的环境条件，合理选择和利用太阳能、空气源热泵等可再生能源方式，可再生能源总量占一次能源总量的比例为 12.96%。采用雨水、中水等非传统水源，推广使用节水型卫生器具和配水器具，其水耗年均进一步降低率达 15.52%，远超所在省（市）考核指标年均下降率。规划年漳州西湖生态园城区人均碳排放量为 2.17 tCO$_2$/（人·a），满足漳州西湖生态园城区人均碳排放量比 2018 年漳州市人均碳排放量降低 50% 以上，即人均碳排放量降低到 2.79 tCO$_2$/（人·a）的中期减碳目标。

全区规划建设全寿命周期内，最大限度地节约资源（节能、节地、节水、节材），保护环境和减少污染。通过对能源需求分析、常规能源系统优化、建筑节能规划和可再生能源规划的途径来实现对可再生能源、清洁能源的综合利用。全区制定绿色生活与消费规划，引导城区居民践行绿色生活方式和绿色消费，增加绿色出行率，减少不必要的生活消费和浪费。本项目能够有效地满足节地、节水、节能，产生很好的经济和社会效益，建设符合"大力节约能源资源，加快建设资源节约型、环境友好型社会"的要求，对于提升建筑综合体的整体水平具有重要的示范意义。

2.4.6　获得荣誉与奖项

西湖生态园片区自规划建设以来取得多项荣誉奖项，漳州西湖生态园片区获得国家最高星级"三星级绿色生态城区规划设计标识"荣誉证书，成为福建省全省首个获此证书的项目；片区城市设计获 2019 年度福建省省级优秀城市规划设计二等奖、2019 年度中国优秀城市规划设计三等奖；渡头、康山、谢溪头、上坂、前山、林内 6 个安置房项目均获得国家"二星级绿色建筑设计标识"；漳州一中高中部获得国家"三星级绿色建筑设计标识"和"二星级绿色建筑设计标识"，2021 年获国家优质工程奖、福建省省级优质工程奖（闽江杯），2020 年获漳州市 2019 年度"水仙杯"优质工程奖。

2.5　上海市西软件园

2.5.1　项目亮点

上海市西软件园集多种创新理念于一体，致力于打造现代化、智能化、生态化的立体生态城市。通过多元融合打造具备多种功能的复合区域，鼓励各类公共空间和建筑内部景观的多样化共享，实现工作生活一体化和知识共享，与地域特色相结合，打造多层次、多维度的慢行空间。立体交通将地下空间、地面交通和地上连廊结合,实现交通的多层次便捷和空间上的功能融合。注重水下生态营造、公园生态建设和建筑立体绿化,建设多层次、多类型、相连通的公共开放空间和生态绿地系统,形成多层次的绿色生态网络。推动低碳生活,促进居民使用新能源设备和绿色环保产品,引导居民绿色生活。同时,通过智慧化管理,建设智慧办公、智慧酒店、智慧商业和智慧住宅,提升城区的智能化水平。

专家点评: 上海市西软件信息园是以半导体、软件运营服务(SaaS)平台、人工智能等多样化高端信息产业为招商方向,引入更多的优质高新技术企业,促进软件信息行业发展。同时打造立体生态城,构建"一廊三带、三核五点"的生态空间格局,以及多层次、多类型、相连通的公共开放空间体系,为了促进多元交通方式的协同发展,构建"共享衔接"的多模式交通服务体系。

2.5.2 项目简介

如图 2-5-1 所示,上海市西软件园位于赵巷镇东部,紧邻 318 国道和沪渝高速赵巷出口,规划区通过崧泽大道、盈港东路、沪青平公路和沪渝高速可快速到达虹桥枢纽和虹桥商务区;同时轨道交通 17 号线由盈港东路经过,并设有嘉松中路站。

图 2-5-1 上海市西软件信息园实景图

上海市西软件园南以沪青平高速公路辅路为界,其余三面以道路或河流为界,总用地面积 3.72 km²。上海市西软件园包含核心区及渗透区两部分,其中核心区面积约 1.5 km^2，外围渗透区用地面积约 2.2 km^2。上海市西软件园以商务办公用地、商业服务业用地和居住用地等为主，其中商务办公用地 1.06 km^2，商业服务业用地面积 0.42 km^2，居住用地面积 0.32 km^2，教育科研设计用地面积 0.31 km^2，文化用地面积 0.13 km^2，绿地面积 0.41 km^2，水域面积 0.36 km^2。

上海市西软件园以"国际软件园·立体生态城"绿色生态定位，通过立体交通、多元服务、多维生态、共享空间等绿色生态策略，实现具有活力创新城区、多维生态空间、健康低碳生活、高效智慧管理的新一代国际软件园区。

项目进度：近期，重点建设佳驰路、佳迪路、佳凯路，做好道路绿色、生态与低碳建设。响应国家"双碳"号召，开展碳达峰碳中和研究，开展碳排放目标与碳中和路径研究，并根据达峰路径分析城区各个要素应该采取的减排措施，制定低碳工作方案，确保上海市西软件园率先实现低碳达峰。推进新通波塘清淤疏浚工作，清淤深度应满足航道等级的最低通航水深要求，防止河道堵塞。加快 A4-02、C1-01、C1-08、E1-08、F2-02、F5-01、F5-02、F8-02 地块出让与建设工作，积极推进园区产业生态建设。远期，推动吉盛伟邦 C2-04、C2-08、C2-10、C3-02、C3-04 地块的地块转型工作，完成北斗 A1-02、A1-04 地块和得利纺织 D3-02、D22-01、23-01 地块的出让，加快推动园区建设进度。

2.5.3　关键技术指标

新建建筑全部执行绿色建筑二星级及以上标准，绿色建筑总建筑面积为 314.22 万 m^2，引导有条件项目执行三星级绿色建筑标准，采用可阅读、可感知的绿色建筑技术体系，打造可阅读绿色建筑示范区。结合建筑需求合理布局太阳能热水系统和太阳能光伏发电系统，并在公园和道路应用风力发电或风光互补路灯系统。规划建设 3 个分布式热电冷三联供项目，并通过智慧能源管理系统，实现能源资源的高效利用。年径流总量控制率不小于 75%，采取雨水渗透、调蓄等措施，发挥建筑、道路、绿地和水系等对雨水的吸纳、蓄渗和缓释作用，最大限度减少进入排水管渠的雨水径流量，保证排水安全。构建"一廊三带、三核五点"的生态空间格局，构建水绿交融、多维复合的生态结构体系，生态绿带和水系蓝网共同形成"多层次、网络化、功能复合"的生态网络，绿地率达 33.23%，提升空间生态层次，为不同人群提供多样化的休憩、休闲、游乐空间，从水面、地面和屋顶考虑多维度、多类型的绿化形式，建设水绿相依的多维立体生态城。相关指标参见表 2-5-1。

表 2-5-1　项目关键指标

指标	数据	单位或比例等
城区面积	372.26	万 m²
除工业用地外的路网密度	8.22	km/m²
公共开放空间服务范围覆盖比例	100.00	%
绿地率	33.23	%
节能型绿地建设率	100.00	%
噪声达标区覆盖率	100.00	%
二星级及以上绿色建筑比例	100.00	%
既有建筑改造项目通过绿色建筑星级认证比例	100.00	%
装配式建筑面积比例	100.00	%
设计能耗降低 10% 的新建建筑面积比例	10.70	%
再生资源回收利用率	89.27	%
单位地区生产总值能耗降低率	6.40	%
单位地区生产总值水耗降低率	9.53	%
第三产业增加值比重	100.00	%

2.5.4　主要技术措施

上海市西软件园打造了"国际软件园·立体生态城"，规划聚焦立体交通、垂直复合、多维生态、共享开放等内容，将上海市西软件园建设成为立体生态城市；同时推崇健康低碳生活和高效智慧管理，旨在成为新一代的国际软件园区。

1. 土地利用

（1）土地功能复合

上海市西软件园注重商业、办公、居住等城市主要功能的复合，功能混合街坊比例达 81.63%。根据未来人群需求进一步形成多元的空间功能，将商业零售、餐饮娱乐、文化休闲、办公、居住等功能有机组合在一起，并开发和利用地下空间，鼓励立体分层开发模式（图 2-5-2 和图 2-5-3）。

（2）公共服务设施

规划区内基础生活服务设施有幼儿园 3 处，社区商业服务设施 5 处，养老服务设施 6 处。紧邻规划区的西北角规划有小学、初中各一所，其服务半径可覆盖规划区内部分居住用地。规划区还有 6 处社区综合服务中心，3 处社区级文化设施，3 处社区级体育设施，1 处社区级医疗设施（图 2-5-4）。

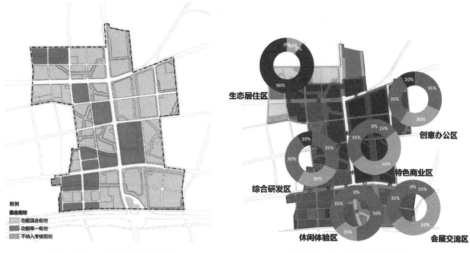

图 2-5-2　土地复合利用　　　　　　　图 2-5-3　各区功能配比

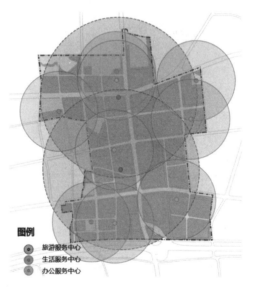

图 2-5-4　各类型服务中心分布图

（3）公共开放空间

　　构建多层次、多类型、相连通的公共开放空间体系，400 m² 以上开放空间 300 m 服务半径覆盖率达到 100%。改善公共开放空间的可用性、可达性，为市民各种公共活动与生活交流提供相应的公共空间。园区规划有三处地区核心公共空间，分别为体育公园、农场公园与社区共享公园。根据空间职能、主要使用人群及活动内容，将公共开放空间分为地区核心空间、街区活动空间和社区交往空间三个级别，见表 2-5-2 和图 2-5-5。

表2-5-2 公共开放空间类型与特征

空间类型	空间构成	主要特征
地区核心空间	活动公园	提供居民、工作者及访客进行商业、休闲等公共活动，塑造地区魅力
街区活动空间	街区广场、街区绿地、滨河绿地、景观大道	为街区居民与工作者提供公共活动空间
社区交往空间	街头绿地	提供身边的公共空间，容纳日常活动，促进邻里交往
	地块内附属绿地	
	生活性街道	

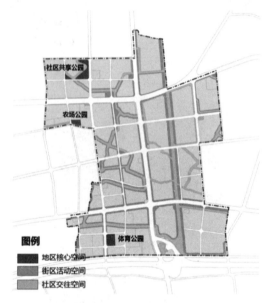

图2-5-5 公共开放空间类型与主要地区核心空间

为了进一步创造社区交往空间，提高绿地综合效率、保证公共空间的最小使用规模，规划对园区内的集中建设用地的附属绿地提出整合建议。针对公共服务用地的新建地块，公共服务用地内用于建设集中绿地的面积不得低于用地总面积的 5%。同一个街区内的集中绿地可按规定的指标进行统一规划、统一设计、统一建设、综合平衡。在符合整个集中绿地指标的前提下，可不在每块建筑基地内平均分布。

结合慢行道路，创建活力公共通道，将开放空间与主要服务设施串联，打造上海市西软件园的活力网络。沿街建筑界面，依据其建筑功能和相邻的环境，采用不同风格的空间界面形式，形成兼具功能与特色的空间界面（图2-5-6 和图 2-5-7 ）。

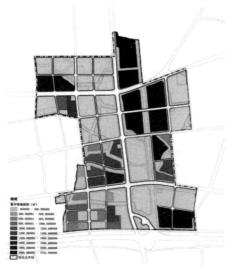

图 2-5-6　街坊整合附属绿地面积

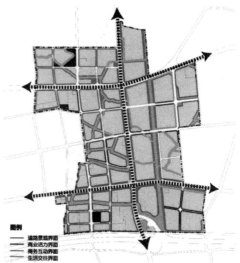

图 2-5-7　活力界面规划图

2. 生态环境

（1）生态建设

规划构建"一廊三带、三核五点"的生态空间格局，构建水绿交融、多维复合的生态结构体系，生态绿带和水系蓝网共同形成"多层次、网络化、功能复合"的生态网络，规划区总绿地面积达 1.12 km^2，绿地率达到 33.23%，提升空间生态层次，为不同人群提供多样化的休憩、休闲、游乐空间，从水面、地面和屋顶考虑多维度、多类型的绿化形式，建设水绿相依的多维立体生态城。结合水系和绿地，打造防护绿廊、滨河绿带、结构绿地、社区游园等多种绿化空间（表 2-5-3、图 2-5-8 和图 2-5-9）。

表 2-5-3　多样化绿化空间功能一览表

类型	种类	作用	特点
防护绿廊	串联地块与道路	引导生态渗透	承载生态流通功能
滨河绿带	水系旁湿地	突出滨水活力	慢行休憩活动
结构绿地	商业商办旁楔形绿地	突出生态效益	承载生态科普功能
社区游园	靠近居住用地绿地	景观设计 + 设施配套	引导居民健康生活

（2）海绵城市

规划区年径流总量控制率不小于 75%，采取雨水渗透、调蓄等措施，发挥建筑、道路、绿地和水系等对雨水的吸纳、蓄渗和缓释作用，最大限度减少

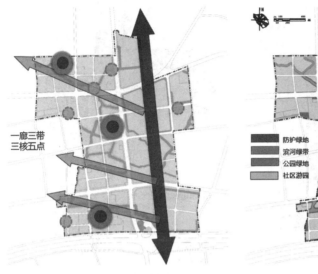

图 2-5-8　生态空间格局规划图　　　　图 2-5-9　多样化绿化空间规划图

进入排水管渠的雨水径流量，保证排水安全。青浦区雨水泵站参照《市政雨水泵站漂浮垃圾收集装置安装技术标准》进行控源截污，确保雨水经净化后再排入河道。目前，青浦区正在开展雨水泵站漂浮垃圾收集装置（图 2-5-10）建设工作，上海市西软件园后续也会纳入规划建设计划中（图 2-5-11）。

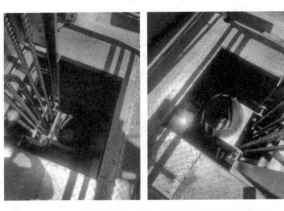

图 2-5-10　青浦区雨水泵站漂浮垃圾收集装置现场

（3）大气环境质量

环境空气质量优良率不低于80%。控制规划区挥发性有机物 VOCs（Volatile Organic Compounds）排放，全面实施重点行业低挥发性原辅料产品源头替代；工地安装扬尘在线监测，加强施工现场扬尘管控（图 2-5-12）；关注道路绿化（图 2-5-13）、道路清洁（图 2-5-14）、道路运输管理等方面，控制道路扬尘；

图 2-5-11 上海市西软件园道路旁植草沟与下凹绿地

图 2-5-12 施工现场扬尘控制措施

图 2-5-13 冲洗苗木

图 2-5-14 道路清洗

所有产生油烟的大、中型餐饮企业、单位须安装高效油烟净化装置。

（4）土壤和地下水质量

规划区所在的青浦区地势平坦，土壤多为冲填土、粉质黏土、砂质黏土，土壤渗透性差，河道容易淤积底泥，应定期对区域内河道进行水系沟通和清淤疏浚（图 2-5-15 和图 2-5-16）。

图 2-5-15 河道治理规划

图 2-5-16　新通波塘现场照片

3. 绿色建筑

积极推进绿色建筑、健康建筑、全装修建筑、节约型工地、智慧建筑等的建设，促进建筑全寿命周期绿色发展。

（1）绿色星级建筑

规划区绿色建筑适建地块分布如图 2-5-17 所示，规划和待转型地块合计 51 个，总建筑面积为 314.22 万 m²，其中预留发展地块 1 个，参照周边地块，按照容积率 2.0 进行面积估算，建筑面积为 18 532 m²；规划区新建建筑全部按照二星级及以上绿色建筑标准建设。本规划重点对其他 50 个规划和待转型地块进行详细分析，通过分析建筑类型、建筑规模、区位条件、投资主体、生活便利性、生态基底等因素确定绿色建筑星级潜力布局。规划区新建建筑二星级及以上绿色建筑总面积为 314.22 万 m²，其中三星级绿色建筑不低于 9 栋（图 2-5-18）。

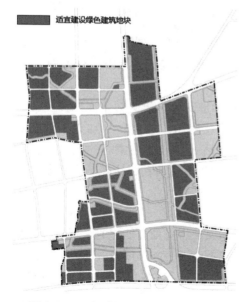

■ 适宜建设绿色建筑地块

图 2-5-17　适建绿色建筑项目分布图

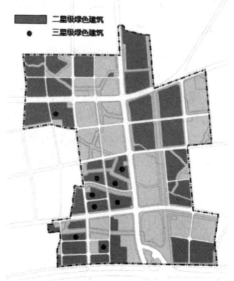

■ 二星级绿色建筑
● 三星级绿色建筑

图 2-5-18　绿色建筑规划图

（2）健康建筑

规划区内的住宅、学校、总部办公项目、文化和体育项目应达到上海《健康建筑评价标准》（T/SHGBC 001）的相关要求，则规划区健康建筑总面积为85.64万m²，占规划新建建筑面积的27.25%，如图2-5-19所示。

（3）全装修建筑

规划学校、文化、体育及总部办公等项目执行全装修，规划布局见图2-5-20。全装修建筑面积合计为120.90万m²，其中全装修公共建筑面积为60.47万m²，新建公共建筑面积合计为199.12万m²，则全装修公共建筑占新建公共建筑面积比例为30.37%。

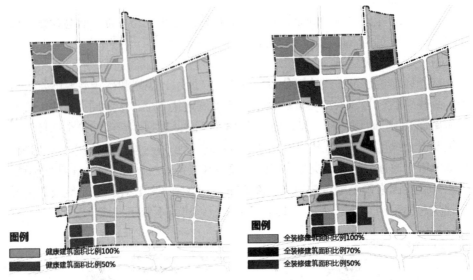

图2-5-19　健康建筑规划图　　　　图2-5-20　全装修建筑规划图

规划区内上海元祖梦世界（图2-5-21）是安藤忠雄为数不多的商业综合体的作品，元祖梦世界是国内首座以亲子、娱乐、体验、互动为主轴的多功能商场，也是兼顾消费和儿童成长的一站式体验购物中心，园区内设有亲子DIY、冰雪乐园、马术体验等丰富的儿童主题活动，让孩子们快乐学习成长。

（4）绿色施工

规划区内所有新建工地应采用智慧工地系统，借助智能化的管理手段，实现对建设工程全过程安全、质量风险源的动态监测，并形成有效的风险预警体系和处治机制，大幅度降低建筑工地安全质量风险。绿色施工项目布局如图2-5-22所示。

图 2-5-21　上海元祖梦世界

（5）智慧建筑

规划在镇中东路以南的科技研发办公楼和商务办公楼建设智慧办公建筑（图 2-5-23），配置智能考勤和访客系统、智能停车系统、会议系统、智能工位、智慧能源管理系统等主要系统，以及智能照明系统、记忆式智能办公桌、云打印、智慧运输机器人、室内导航定位、智能餐饮等特色子系统。

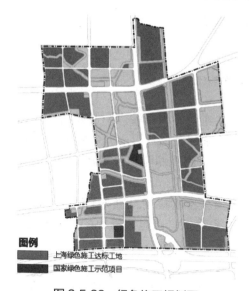

图例
█ 上海绿色施工达标工地
█ 国家绿色施工示范项目

图 2-5-22　绿色施工规划图

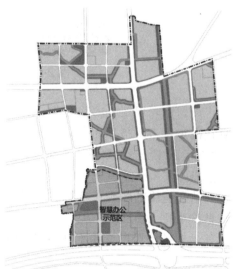

图 2-5-23　智慧办公应用区域示意

4. 资源与碳排放

（1）能源利用

规划区内新建建筑总面积 314.22 万 m^2，高标准节能公共建筑 33.63 万 m^2，高标准节能住宅 44.19 万 m^2，则高标准节能建筑比例为 24.77%。加强全寿命周期建筑能效管理,以项目运营能耗达到目标值为建设单位的考核要求。建设前严格实施"批项目、核能耗",提出高标准建筑节能要求;建设管理中推进建筑信息模型(BIM)技术在低碳管理方面的应用;建设后通过能耗管理系统、节能审计、建筑调适等手段挖掘节能潜力,节能改造和新建建筑运营一年后,建筑能耗应符合建前高标准建筑节能要求(图 2.5-24)。

图 2-5-24　建筑节能规划图

规划要求规划区内的商业、办公等公共建筑屋顶安装太阳能光伏板,规划情况如图 2-5-25 所示。规划屋顶安装光伏面积为 2.3 万 m²,全年发电量为 249.6 万 kWh。光伏建设引入第三方公司投资,将光储能和智慧能源管理统筹考虑。

结合地块的物理位置特性和建筑的权属,本次规划设置 3 个供能站,覆盖范围如图 2-5-26。并通过智慧能源管理系统,实现能源资源的高效利用。供能站覆盖的公共建筑面积合计 47.26 万 m²,占新建公共建筑面积的比例达 23.73%。

对 3 个供能站覆盖范围内的电力、生活热水、冷和热的峰值负荷进行测算,结果见表 2-5-4。园区内 3 个供能站的电负荷为 34.6 MW,热水负荷 8.7 MW,采暖负荷 33 MW,制冷负荷 55 MW。

(2)水资源利用

根据水平衡测试标准安装分级计量水表,计量水表安装率达 100%;在各个区域内分别安装总表,及时发现漏损区域,增加小区进户总水表的设置,提

图 2-5-25　太阳能光伏利用规划图　　　　　图 2-5-26　集中供能规划图

表 2-5-4　1-3# 供能站负荷预测表

1# 供能站				
业态	建筑面积 /m²	电力负荷 /kW	热水负荷 /kW	采暖负荷 /kW	空调负荷 /kW
办公	104 608	7 323	1，674	6 276	10 984
商业	26 152	2 092	609	2 354	3 661
合计	130 760	9 415	2 283	8 630	14 645
2# 供能站				
办公	20 936	1 465	335	1 256	2 198
商业	83 742	6 699	1 926	7 537	11 724
合计	104 678	8 165	2 261	8 793	13 922
3# 供能站				
业态	建筑面积 /m²	电力负荷（kW）	热水负荷（kW）	采暖负荷（kW）	空调负荷（kW）
办公	189 647	13 275	3 034	11 379	19 913
商业	47 412	3 793	1 090	4 267	6 638
合计	237 059	17 068	4 125	15 646	26 551

高水表计量的准确度。安装智慧水表，可实现远程控制水表开关、远程抄表、远程充值等。选用优质管材及高性能阀门、零泄漏阀门。规划区域内主干路、次干路及支路上 $DN300$ 及以上的给水管拟采用球墨铸铁管。穿越河道的管道部分，则采用钢管，且对所用管道采取必要的防腐处理。钢管采用焊接，球墨铸铁管采用柔性橡胶圈接口，从而减小规划区管网的供水压力，降低管网漏损，实现节水。

（3）碳排放目标和分析

上海市西软件园碳达峰时间预测，运用 LEAP 模型对上海市西软件园内各情景碳排放总量及碳排放达峰时间逐年进行预测，结果如图 2-5-27 所示。运营阶段中，在上海"十四五"情景下，CO_2 排放量于 2025 年达到峰值为 75.39 万t；创建绿色生态城区建设，落实绿色生态城区全部指标和措施，城区单位用地碳排放量预计于 2024 年提前达峰，低碳情景单位面积 CO_2 排放的峰值为 74.23 万t，人口为 11.3 万人，故每年人均碳排放量为 6.57 t。

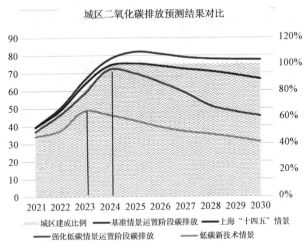

图 2-5-27　城区 CO_2 排放预测结果对比

上海市西软件园的碳排放评估及碳达峰路径是在控制性详细规划和绿色生态专业规划基础上进行的，还整理了有关规划资料如现有建筑的节能水平利用、景观绿地设计方案、市政配套等，评估上海市西软件园规划范围内产生碳排放的各类活动。从上海市西软件园绿色生态城区实际目标出发，根据绿色生态专项规划设置不同的政策与技术导向情景，估算出达峰值，从而估算出绿色生态城区减少的碳排放数量。

如图 2-5-28 所示，为 2022—2025 年上海市西软件园在基准情景和低碳情景下的 CO_2 排放图，黄色部分表示低碳情景的 CO_2 逐年排放图，灰色部分表

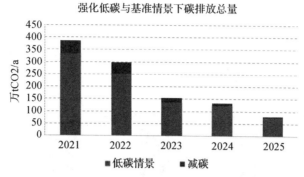

图 2-5-28　强化低碳与基准情景下碳排放总量

示达峰的低碳情景相比基准情景的 CO_2 逐年减排图，随着各种节能政策的落实，减排量逐年增加。

在城区建设阶段，通过对建设材料与建设施工的绿色生态环境保护措施（图 2-5-29），可明显降低上海市西软件园在建设阶段所产生的碳排放总量，如图 2-5-30 所示。由于城区运营阶段的碳排放量占城区全生命周期的绝大部分，因此对上海市西软件园绿色生态城区运营阶段的碳排放做出核算分析。假设 2025 年完成城区建设，则上海市西软件园运营阶段的碳排放来源包括建筑、交通、水资源和固体废物，而可再生能源及的绿地景观可形成一定的碳汇量（表 2-5-5、图 2-5-31 和图 2-5-32）。

从长期来看，清洁能源替换、低碳技术推广将是上海市西软件园绿色生态城区继续建设碳排放的重要途径。而建筑碳排放占整个城区碳排放的 90% 以上，应继续推进分布式太阳能、生物质能和各种热泵在建筑中的多元化、规模化应用。

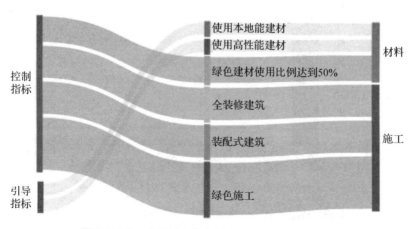

图 2-5-29　建设阶段各领域采用的低碳技术措施

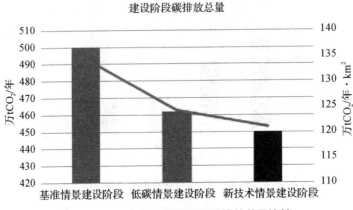

图 2-5-30　各情景建设阶段碳排放总量比较

表 2-5-5　规划区碳排放量核算

碳排放类型	碳排放量（万tCO$_2$/a）
建筑	69.63
交通	5.22
水处理	0.53
垃圾	0.36
景观碳汇	−0.91
可再生能源碳汇	−0.60
合计	74.23

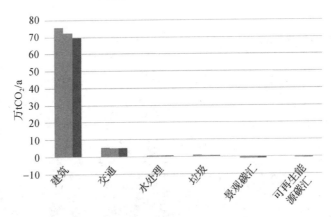

图 2-5-31　规划区 2025 年运营阶段碳排放量核算

各领域采用的低碳技术措施

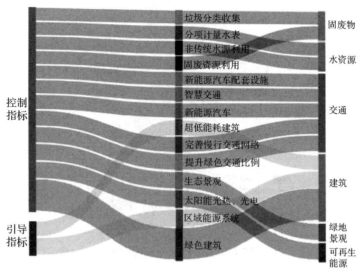

图 2-5-32　运营阶段各领域采用的低碳技术措施

5. 绿色交通

规划区发展以"轨道+公交"为主导的出行模式，同时以交通设施、网络的衔接与共享为导向，促进多元交通方式的协同发展，构建"共享衔接"的多模式交通服务体系。加强园区内交通组织管理，打造畅通便捷的车行系统；优化公交接驳服务，形成绿色高效的公交系统；注重品质、安全设计，创造舒适宜人的慢行系统；充分结合软件园特色，构建智慧互联的停车系统。

（1）建设集"地下公共通道+地面交通网络+地上二层连廊"为一体的立体交通网络

建设快速道路网系统，加强过境与到发车流的分离，通过主、次干路局部拓宽、增加车道、可变车道等途径，引导车流快速经过或到达规划区。布局对外通勤道、街区衔接道、景观游憩道、生活休闲道，营造高效便捷、安全舒适、休闲娱乐的活力街道空间。上海市西软件园道路总长度约 27.61 km，道路网密度为 8.22 km/km² （图 2-5-33 和图 2-5-34 ）。

现有轨道 17 号线经过，设有 1 个轨道站点（嘉松中路站），如图 2-5-35所示。规划沿佳驰路、佳恒路、佳康路、佳悦路调整既有赵巷镇公交线路，并结合建设周期布局 2 条定制接驳线，实现公交站点 500 m 覆盖率达到 100%，规划远期接驳线优先采用无人驾驶公交提供特色化、智能化服务（图 2-5-36 ）。

规划沿佳迪路布局地下人行公共通道，并设置地下人行连通道与奥特莱斯

图 2-5-33　道路功能规划图

图 2-5-34　沪青平高速公路附近的百联奥特莱斯实景照片

图 2-5-35　嘉松中路站台顶的"大叶子"造型

图 2-5-36　公交线优化规划图

及周边地块衔接（图 2-5-37）。地下步行长廊设置出入口与两侧办公楼或商厦直接相连，由于地下步行廊道距离较长，建议在廊道中设置自动步行电梯，并设置清晰醒目的导向标志。佳迪路地下通道和各过街地道作为公共空间，应24 h 对公众开放（图 2-5-38）。

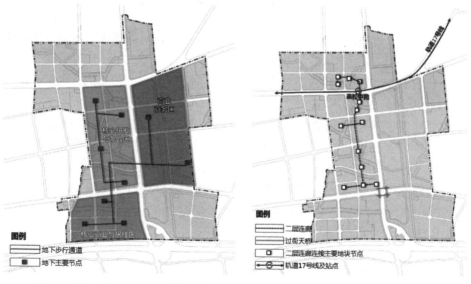

图 2-5-37　地下步行连廊规划图　　　　图 2-5-38　二层连廊规划图

（2）建设集街道步行空间、滨水休闲绿道、地块公共通道等为一体的慢行生态网络

利用道路系统、公园绿地、滨水绿化带、轨道站、地下空间等，形成集地上、地面、地下于一体的立体慢行网络。地上慢行交通以嘉松中路站为核心节点，通过二层连廊向北、向南连通上海市西软件园核心区；地面慢行交通以道路步行道（图2-5-39）、滨水绿道（图2-5-40）、地块步行道，形成路网密度近12 km/km² 的地面慢行网络；地下慢行交通以核心区地下空间为主体，建设衔接南与东西的地下步行长廊，并与地下停车场、商业、服务设施等无缝衔接（图2-5-41）。

图2-5-39　步行道路

（3）建设集地下停车场、地下商业、地下连廊和地下服务设施为一体的地下活力空间

规划区机动车停车位布局应符合《建筑工程交通设计及停车库（场）设置标准》（DG/TJ 08—7）的规定，并结合嘉松中路站布局"P+R"停车场（图2-5-42）。

规划要求新建住宅配建停车位100%建设或预留充电设施建设安装条件（包括预留充电设施、管线桥架、配电设施、电表箱安装位置及用地，电力容量预留、管线预埋），商场、宾馆、医院、办公楼等公共建筑配建停车场（库）和公共停车场（库）中建设安装充电设施的停车位比例达15%，其中30%停车位采用直流快充（图2-5-43）。

6. 信息化管理

（1）绿色生态城区管理

整合各类规划，形成"绿色生态指标体系和任务一览表"，明确各类指标实施要求、落实环节和落实主体。制定绿色生态城区全过程管理流程，建立从

图 2-5-40　滨水绿道

图 2-5-41　街坊步行通道规划图

图 2-5-42　"P+R"停车场和社会
停车场的规划图

图 2-5-43　充电桩停车位规划图

项目土地出让（或划拨）、规划审批、设计文件审查、施工许可、验收备案及运营管理等各个阶段的管理机制。

（2）智慧管理

以"智慧青浦"和"园区大脑云"为载体，积极采用物联网、云计算、人工智能等新一代信息技术，增强信息化、智能化对城区建设和治理的引领、带动效用，努力实现便捷化的智慧生活、高端化的智慧经济，精细化的智慧治理，协同化的智慧政务（图 2-5-44）。

图 2-5-44　智慧园区平台架构图

在 5G 网络与物联网方面，全面布局 5G 网络，实现 5G 宏基站 250 m 覆盖率达到 100%。开展"5G+物联网"示范应用，率先在核心区利用超高清视频、全息通信、AR 展览、智能机器人等技术。在交通智能化管理方面，利用 GPS、GIS 等技术，通过手机、IPAD、互联网等移动终端、电子站牌等信息发布装置，构建"5G 智慧公交车载大数据实时监管平台"，打造自动驾驶公交体系。对接青浦区 SCATS 系统，在规划区主次干道布局道路信息采集点约 7 个，交通信息诱导点约 5 个，实现交通诱导覆盖率达 100%。在环境质量信息化监测管理方面，开展环境质量信息化监测管理，在核心区布局一处空气监测点位，监测 SO_2、NO_2、PM_{10}、$PM_{2.5}$、O_3 和 CO 等 6 项指标，并对接青浦区空气质量实时发布系统。水环境监测方面，在新通波塘布局 1 处自动监测点位，其他支河布局 2 处自动监测点位。声环境监测方面，在核心区布设 1 处区域声环境监测点；在生态居住区、综合研发区和特色商业区各布局 1 处功能区声环境监测点位。

7. 产业与经济

上海市西软件园以软件信息和高新技术为核心产业，发展以 CIM、大数据、

104

云计算、工业软件、物联网、人工智能、智能芯片、集成电路等为主的产业，致力于打造成为上海未来开发水平更高、成熟度更好、产业规模更大的具有全球影响力的科创中心示范基地，成为软件和信息服务产业的核心要素集聚区、行业应用先导区、创新创业实践区、产城融合示范区（图 2-5-45 和图 2-5-46）。第三产业增加值占地区生产总值的比重达 90%；单位地区生产总值能耗低于上海市目标且相对基准年的年均进一步降低为 1%；单位地区生产总值水耗低于上

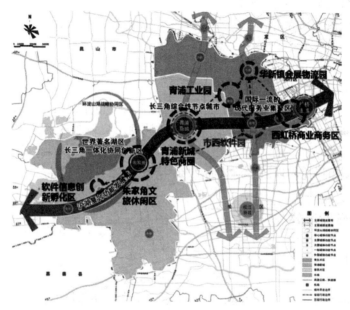

图 2-5-45　区域产业空间结构

图 2-5-46　产业功能业态

海市目标且相对基准年的年均进一步降低为 1%。

8. 人文

（1）以人为本

严格按照《城市道路和建筑物无障碍设计规范》控制性要求，落实城市道路、居住区、房屋建筑等无障碍设施。规划区路旁步行系统与景观公园、滨河廊道、医院、学校等无障碍设施实现无缝衔接。

（2）绿色生活宣传与教育

结合绿色生态规划成果，引导公众在规划区绿色生态展示中心，学习、了解各类绿色生态理念。开展各类绿色生活宣传活动，从节能、节水、绿色出行、垃圾分类等方面引导家庭低碳、健康生活。

（3）历史文化

挖掘传统的"江南百工"工匠技艺，传承长三角非物质文化遗产，营造传统文化的氛围，在新通波塘流域继续将通波塘历史风貌区的文化底蕴延展内涵；提取传统元素，融入到园区景观风貌中，使用现代的处理方法，使传统元素与现代城市风貌得以融合，从而增强园区的特色文化底蕴。

2.5.5　低碳发展效益

（1）生态效益

上海市西软件园构建"一廊三带、三核五点"的生态空间格局，构建水绿交融、多维复合的生态结构体系，生态绿带和水系蓝网共同形成"多层次、网络化、功能复合"的生态网络。大幅度提高植被覆盖率，绿地率达 33.23%。污水管网实现全覆盖、全收集、全处理。控制规划区挥发性有机化合物 VOCs 排放、工地安装扬尘在线监测、控制道路扬尘、安装高效油烟净化装置，实现环境空气质量优良率不低于 80%。对居住区内的垃圾进行收集、分类、压缩后运至青浦区生活垃圾综合处理厂集中处置。在绿化种植及地块中植物选配时，为避免外来物种侵略，以上海本地植物为主，本地木本植物指数达 0.9。

（2）资源节约效益

注重商业、办公、居住等城市主要功能的复合，功能混合街坊比例达 81.63%。根据未来人群需求进一步形成多元的空间功能，并开发和利用地下空间，鼓励立体分层开发模式。区域内节约型绿地率达 80%，且积极实施海绵城市建设，采取雨水渗透、调蓄等措施，发挥建筑、道路、绿地和水系等对雨水的吸纳、蓄渗和缓释作用，待建成后年径流总量控制率可达 75% 以上。合理布局可再生能源系统和集中供能系统，并对建筑和市政基础设施提出高标准节能要求，新建建筑的能耗比本市现行节能设计标准规定值降低 15% 以上，能耗降低 15% 的新建建筑面积比例 20%，合理设置分布式热电冷三联供系统，覆盖的新建公共建筑面积比例达到 20%，一次能源利用效率不低于 150%。提升城市水资源利用效率，计量水表安装率达 100%，安装智慧水表。生活垃圾资源化利用率达 60%，干垃圾进行焚烧发电，湿垃圾进行发酵堆肥，可回收物通过区两网融合进行回收利用，建筑垃圾资源化利用率达 50%。

（3）社会效益

上海市西软件园承接支撑虹桥国际开放枢纽和长三角生态绿色一体化发展示范区的重大功能，以软件和信息服务为主导，重点发展软件、信息、5G、工业互联网等产业，发展大型商业、娱乐、会展、研发、办公等功能，并配套一定量的居住及相关生产生活服务功能，形成功能相对完善、环境优美、兼具国际化特色与地域特色的地区综合性创新街区，打造成为上海未来开发水平更高、成熟度更好、产业规模更大的具有全球影响力的科创中心示范基地，成为软件和信息服务产业的核心要素集聚区、行业应用先导区、创新创业实践区、产城融合示范区。

2.5.6　获得荣誉与奖项

（1）上海市建设工程"白玉兰奖"

一期项目 A3-03 地块 6 号楼获评上海市建设工程"白玉兰奖"（图 2-5-47）。奖项介绍：白玉兰奖是上海市建筑工程质量最高荣誉奖。

图 2-5-47　上海市建设工程"白玉兰奖"评估现场照片

（2）上海市钢结构"金钢奖"

一期项目 A3-03 地块 6 号楼，二期项目 A6-04 地块 18 号楼、C5-03 地块 15 号楼、16 号楼，获评上海市钢结构"金钢奖"。

奖项介绍：上海市建设工程金属结构"金钢奖"（市优质工程）是1996年经上海市建筑业管理办公室批准设立，由上海市金属结构行业协会主办的奖项。评选活动开展已有10多年，先后评出了661多个获奖工程。其中著名的有金茂大厦、环球金融中心、卢浦大桥、上海浦东国际机场航站楼一期二期、国家大剧院等。"金钢奖"的评选标准有五项：即工程质量、工程规模、施工难度、技术创新、管理体系。根据工程评分的分值高低，奖项等级分两个："金钢奖""金钢奖"特等奖。特等奖一般占获奖工程总数的5%左右。

（3）上海市文明工地

一期项目A2-01地块、A3-03地块，二期项目C5-03地块、A6-04地块和A6-03地块获评上海市文明工地。

奖项介绍："上海市文明工地"称号是上海市建筑行业在工程文明施工方面的市级权威荣誉。

2.6　烟台高新技术产业开发区起步区

2.6.1　项目亮点

烟台高新技术产业开发区以"天空蓝、生态绿"为策略，依托滨海城市良好的生态环境，坚持"双碳"目标引领，撬动绿色发展新支点，持续推进生产方式和生活方式绿色低碳转型，推进人与自然和谐共生的现代化进程。高新区积极倡导绿色环保生活方式，积极打造新能源产业集群，全力发展风电、光伏、储能等新能源产业，吸引绿色低碳项目入驻，积极引导企业节能改造，以绿色低碳打造高质量发展新引擎。

全区高度重视绿化提升工程，突出绿色生态理念，努力打造树种多样、色彩丰富、三季有花、四季常青的生态景观通道。依托辛安河西侧、通海东河、西河、马山河河道整治工程及主干道绿化工程，对区内道路进行绿化美化，打造园林景观优美、城郊园林环抱、道路绿树成荫，林水相依、林路相连、山水相映的绿色生态格局。

构建多样化的绿色出行交通体系，建成以"六纵六横"为主框架的路网体系。新安装风光互补节能灯近百盏，发光二极管（LED）节能路灯千余盏，主干道上装设的智慧路灯，具备无线智能控制系统，可根据照明季节分时、分段、分组调节控制光源亮灯数量和照度，公共照明节能率在 60% 以上。完善充电桩等配套设施，结合城市特色打造公交旅游专线，提供便捷的绿色出行条件。

融合智慧城市理念，开发建设城市公共服务平台、能耗监管平台、智慧交通平台、智慧水务平台、环境监管平台，实现区域绿色生态协同智慧管理。

专家点评：烟台高新技术产业开发区起步区按照省级绿色生态城区的要求进行了规划和建设，从城区建设初期就融入绿色生态的相关理念。在城区建设过程中基于良好的滨海风貌特色，始终坚持遵循生态环境保护为原则，以绿色低碳理念贯穿建设全过程，绿色、低碳、节能、循环发展的亮点项目示范效果突出，全面构建绿色建筑体系、绿色能源体系、低碳循环经济体系，助力全区绿色低碳发展，实现了蓝色海湾、创业高地的创城目标。

2.6.2　项目简介

烟台高新技术产业开发区是国家级高新技术产业开发区、首批中国亚太经济合作组织科技工业园区、全国第一家中俄高新技术产业化合作示范基地、山东半岛国家自主创新示范区核心载体，包括核心发展区和 APEC 莱山园、福山高新园、APEC 芝罘园、卧龙园等"一区四园"。烟台高新区总用地面积 48.8 km^2。

2013 年 9 月烟台高新技术产业开发区获评山东省首批绿色生态示范城区，并先后出台了《烟台高新区关于加快绿色建筑发展的实施意见》《关于民用建筑项目全面执行绿色建筑标准的通知》等一系列指导文件，进一步明确工作目标、工作重点、保障措施。2019 年，烟台高新区起步区获得绿色生态城区规划设计阶段二星级认证。目前起步区已基本完成建设，烟台高新区起步区现状效果如图 2-6-1 所示。

图 2-6-1　烟台高新区起步区现状效果

2.6.3 关键技术指标

烟台高新技术产业开发区起步区编制了绿色建筑、绿色市政、绿色能源、绿色交通等专项规划，探索滨海型城区绿色发展的经验，烟台高新区绿色生态示范建设以起步区为重点，兼顾整个城区，重点示范片区总用地面积约 3.5 km²，用地类型包括一类、二类居住用地、研发用地及商业金融用地。相关指标参见表 2-6-1。

表 2-6-1　烟台高新区起步区绿色生态建设关键指标

指标	数据	单位或比例等
城区面积	350.00	万 m²
公共开放空间服务范围覆盖比例	100.00	%
绿地率	40.05	%
噪声达标区覆盖率	100.00	%
二星及以上绿色建筑比例	67.06	%
装配式建筑面积比例	80.00	%
可再生能源利用总量占一次能源消耗总量比例	12.96	%
绿色交通出行率	≥70.00	%
单位地区生产总值能耗降低率	3.40	%
第三产业增加值比重	43.40	%
高新技术产业增加值比重	29.50	%
城区公益性公共设施免费开放率	100.00	%
每千名老人床位数	≥40.00	张

2.6.4 主要技术措施

烟台高新技术产业开发区提出"经济繁荣、环境友好、空间共享"三个规划建设目标，实现"蓝色产业、低碳生态、滨海生活"新城的支撑体系，构筑"山 - 海 - 城"滨海复合建城。

起步区规划建设充分利用现状山、海、河的环境资源特点，以科技 CBD 为启动引擎，以科技大道行政商业办公带和滨海大道旅游度假景观带为形象提升元，总体上形成生态景观网络和分级交通网络相融的空间骨架，各功能区相互联动，循环支撑，严格控制建筑高度、密度等城市用地指标，合理开发地下空间。发挥区位资源优势，提升太阳能、地热源等可再生能源利用率，并开展海洋能源利用的研究，积极拓展可再生能源利用种类。依托高新区产业定位和技术开发优势，打造一体化智慧园区，建立智慧信息中心，构建多维度智慧城市平台。

1. 土地利用

（1）落实混合开发要求

烟台高新技术产业开发区起步区落实绿色低碳发展理念，平衡发展"产、学、研、住、商"，从生态安全格局出发，统筹考虑山、海、城的资源特征，构建特色滨海城市山水格局。区域内用地类型集聚了居住用地、教育科研用地、公共设施用地、产业用地、对外交通用地、道路广场用地、绿地、市政公用设施用地等，建成后将形成相对集中的科技研发区、生活配套区和高端制造业区。高新区总体混合开发比例可达到 73.3%，起步区范围内混合开发比例达到 100%。

（2）绿色交通引导土地开发

实施 TOD 发展模式，发挥交通对城市空间规划的引导作用，建立多层级的交通服务方式与多样的交通组织方式。规划城市地铁沿科技大道东西贯穿规划区，并在科技中央商务区（CBD）、滨海公园等位置设置轨道站点，站点与公交车站以及大型公共停车场结合布置。

建设中长途公共交通，实现高新区与烟台中心区及周边地区相联系，服务于跨区的长距离出行。线路以全市大型客流集散点为节点，一般沿高速公路或快速路布设，满足长距离快速出行的要求。线路长度一般为 10~15 km，平均站距为 1 500~3 000 m。

区内常规公共交通主要是服务园区内部各地区及周边相邻地区的中短途公共交通，联系各居住区、商业区、行政办公区等，使线路上的客流均衡分布，公交环线主要沿连接科技 CBD、商务办公拓展区、马山寨旅游度假区、中国农业大学烟台校区、高新科技转化园和尚品生活区等主要功能区。公共交通站点按照 500 m 服务半径覆盖率 100%，如图 2-6-2 所示。

此外，结合旅游城市特色，城区内规划有旅游公共交通，规划沿滨海路、滨河西路、滨河东路设旅游观光巴士，串联海滨浴场、地质博物馆、马山寨、河口公园及辛安河两岸。

2. 生态环境

（1）保护生态环境

烟台高新技术产业开发区地处山东半岛，位于烟台市区的东部，北临黄海，南靠低山丘陵，东临牟平城区，地势平坦，地质结构稳定。拥有森林、草地、湿地、海岸潮间带、海洋等多种生态系统类型。与同纬度的其他地区相

图 2-6-2　烟台高新区起步区土地利用示意图

比，具有较高的物种多样性，本地木本植物指数 0.93。起步区内规划建设绿地面积为 1.40 km²，采用节水型灌溉方式绿地面积 1.37 km²，灌溉用水计划采用市政中水，节约型绿地率为 97.51%。

烟台高新区年平均降水量 524.9 mm，烟台四季分明，各季气候特点显明。烟台高新区自 2017 年开始，正式实施海绵城市建设，区内新建住宅小区、道路、绿化及河道治理等工程全部按照海绵城市建设要求进行规划、设计、施工。以道路绿化及河网水系绿带为骨架，联系各级公园、开放空间系统，并与滨海景观带结合，构建以水体、湿地为核心的生态保护系统，结合高品质的"可观、可用"的生态绿地景观，共同形成科学、完整的高新区生态绿地体系。规划建设公园绿地 4.32 km²，人均公共绿地 25.09 m²。

（2）提升环境质量

起步区内有通海西河和通海东河两条水系，是烟台市"一山两河"重点生态建设项目，通过实施建坝蓄水、水系清淤疏浚、恢复滨水岸线等措施，优化地表水质，目前两条水系水质达到Ⅲ类水质标准要求。结合河长制工程要求，规划范围内通海河西支、通海河东支（如图 2-6-3 和 2-6-4 所示）、马山河及辛安河按Ⅱ类标准执行。在辛安河西侧地块设置污水处理厂一处，对区内污水进行集中处理。

辛安河以"水清、流畅、岸绿、景美"为目标不断加大河湖治理改造力度，辛安河治理本工程 2021 年被评为山东省美丽示范河湖工程（图 2-6-5）。

在声环境控制方面，起步区内所有建设工程全部实施绿色施工管理，绿色施工要求严格控制施工过程中的噪声污染；加强交通管制，合理规划交通流

图 2-6-3　通海西河

图 2-6-4　通海东河

图 2-6-5　辛安河入海湿地

线，限制大型交通鸣笛，并结合道路防护绿地、城市公共绿地建设乔、灌、草复合型绿化防噪屏障，削减交通噪声污染。实施交通噪声分区，明确不同功能区域的标准，保障居住区、办公区域的声环境质量。

3. 绿色建筑

（1）提升高星级绿色建筑比例

烟台高新区管委会组织编制《烟台高新技术产业开发区起步区绿色建筑发展规划》，起步区新建建筑要求全部达绿色建筑要求，其中70%以上居住建筑达到二星级及以上绿色建筑标准要求（图2-6-6）。

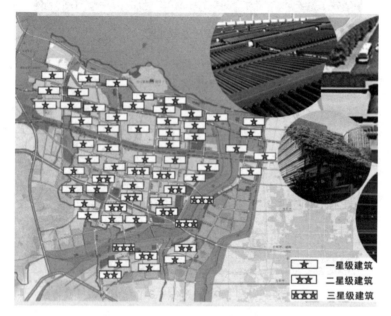

图2-6-6　烟台高新技术产业开发区起步区绿色建筑星级布局

起步区公共建筑以办公建筑和配套酒店等服务性建筑为主，引导35%以上公共建筑达二星级及以上绿色建筑标准要求，根据企业特色打造绿色建筑示范工程。

（2）加强绿色建筑竣工验收

为提高烟台高新技术产业开发区起步区内建筑项目技术适应性，保障绿色建筑建设与施工质量，高新区管委会结合山东省和国家绿色建筑标准，先后编制完成《烟台高新技术开发区（起步区）绿色建筑设计指导手册》《烟台高新技术开发区（起步区）绿色施工指导手册》《烟台高新技术开发区（起步区）绿色建筑工程验收管理规范》等技术文件，指导绿色建筑的设计、施工、验收，实施绿色建筑全过程管理。

（3）完善组织保障

烟台高新技术产业开发区成立绿色建筑领导小组，小组设立在管委会，规划、国土、建设局负责组织和协调起步区绿色建筑工程推动、宣传、教育工作，负责绿色建筑的工程备案，信息化管理工作。

（4）典型案例

①烟台北航科技园 D1 科研办公楼项目（图 2-6-7）

2014 年 10 月烟台高新区获评全国首批中德低碳生态试点示范城市，为不断加强中德在被动房建设、降低能源消耗方面的经验交流和技术合作，2014 年 12 月烟台北航科技园 D1 科研办公楼项目建设单位与德国能源署签订了中德合作被动式低能耗建筑示范项目质量保证服务合同。该项目建筑面积 3 014 m²，项目通过采用节能技术构造优化围护结构设计，最大限度地提高建筑保温隔热和气密性，使建筑对采暖和制冷需求降到最低，依靠减少冷桥，设置气密层，设置被动式门窗，设置石墨聚苯板，高效热回收新风系统等措施，维持室内舒适的温度，可降低建筑能耗 90% 以上。

图 2-6-7　烟台北航科技园 D1 科研办公楼项目

项目建设过程中住房和城乡建部及德国能源署领导、专家多次到项目进行检查指导，对项目工程质量给予了充分肯定。项目建设对被动式超低能耗绿色建筑发展起到积极的示范作用。

②高新区科技 CBD 核心建筑"创业大厦"项目

创业大厦是国家高新区的重要标志，打造高水平的创新创业载体是国家高新区引进集聚创新资源、服务推动科技创新的共同做法和成功经验。烟台高新区科技 CBD 创业大厦是科技 CBD 板块的核心建筑，是高新区倾力打造的集生态办公、公共服务平台于一体的科技综合孵化器，总建筑面积约 15 万 m^2，重点锁定文化创意、金融商务、企业总部等现代服务业项目，创新型中小微企业，科技型研发机构，以及创建高新区的"创新心脏"。

创业大厦项目结合建筑功能及特点，综合考虑技术经济合理性，确定绿色建筑技术体系。

a. 非传统水源：项目为降低自来水用量，充分利用非传统水源，设置了雨水回收利用系统。收集小区屋面和道路雨水，从管网之间接入雨水收集系统，经室外初期雨水弃流井完成初期雨水弃流后，进入雨水蓄水池储存并回用至室外绿化灌溉及道路浇洒。

b. 太阳能热水：项目采用集中集热、分户储热的太阳能热水系统，为 7~30 层的公共卫生间提供生活热水，太阳能系统日产水量占全年生活热水需求的 49.14%，年节能量为 13.96 万 kWh，太阳能热水系统静态投资回收期为 3.02 年，具有良好的经济性。

c. 排风热回收：项目办公空调为卡式两吹风风机盘管空调，设独立的空调新风换气处理系统，每年预计可节省运行费 2.27 万元，投资回收期为 3.28 年。

d. 电动充电桩：项目公共空间规划建设公共电动汽车"重点站"，为建筑内电动车辆提供充电设施，同时部分作为共享充电设施，用于高新区内车辆的公共充电使用。

4. 资源与碳排放

（1）能源管理系统

烟台高新技术产业开发区起步区结合城区用能情况，合理设计用电分项计量系统，在现行实施的配电设施和低压配电检测系统的基础上，安装智能用电计量表，分项计量各项用电。起步区内市政设施、居住社区各项用水配套安装智能水表，分项监控各项用水。

烟台大学等重点公共建筑建立能源信息化管理系统，运用配套软件对各种能耗数据进行分析，通过能耗监管系统对起步区用水、用电进行统筹调度、统筹管理，降低能耗成本、管理成本，推动企业管理模式由粗放型向精细化的转变。（图 2-6-8）

（2）可再生能源利用

烟台高新区年平均气温 13.4℃，年平均日照时数 2 488.9 h。起步区可利用的可再生能源主要包括太阳能、浅层地能、地源热泵等。起步区居住建筑可再生能源利用形式以太阳能热水技术为主，80% 以上的多层建筑住户热水、50% 以上的高层建筑用户热水均由太阳能提供；办公建筑采用土壤源热泵以及海水

图 2-6-8　能源管理平台

源热泵供冷和供热。在滨海路、科技大道等城市道路上安装风光互补路灯；科技馆、东方电子智能科技园（图 2-6-9）等公共建筑和厂房建筑，应用太阳能光伏发电系统，作为起步区内采用该技术应用的示范工程。可再生能源提供量中，太阳能生活热水提供占比为 7.45%，太阳能光伏发电量占比为 0.06%，地源热泵占比为 5.44%，风光互补路灯提供电量占比 0.006%，起步区各种可再生能源利用率 12.96%。

图 2-6-9　烟台高新区内厂房屋顶光伏项目

5. 绿色交通

在《烟台高新技术产业开发区综合交通专项规划》的基础上编制《烟台高新技术产业开发区起步区绿色交通专项规划》统筹安排起步区绿色交通发展与建设。

（1）构建支持绿色交通方式集约高效、"疏密有致"的城市空间格局，采用慢行交通与新能源、新技术公共交通为主导的综合交通方式，突出体现节能减排，引导交通参与者出行方式和消费观念，不断提高绿色出行比例，起步区绿色交通出行比例不低于 70%。

（2）构建多方式协调的公交服务体系，高标准规划建设公交系统，提供优质公共交通服务，公共交通枢纽 500 m 半径覆盖率达到 98%。

（3）规划机动车道路系统城市慢行路网，构筑高密度慢行通道网络连接起步区的绝大部分的居住、就业和公共设施，并结合城市绿地系统创造环境宜人、人性化的慢行廊道。起步区自行车停放设施满足 100% 配建要求、公共自行车租赁站点不低于 3 个。布局复合绿道网络（图 2-6-10），创造一种倡导健康的都市绿色框架，绿道网络功能具有综合性，疏解慢行交通、提供公共活动空间，并串接居住组团中心。

（4）实施机动车需求管理的规划理念，控制起步区内机动车车道数量，适当降低机动车通道密度，限制机动车辆直接穿越主要居住和公共活动中心，严格控制停车泊位的供应总量。起步区总体规划公共停车场 25 万 m²，规划地面停车采用立体停车方式，并且控制地面停车数量，地面停车率不超过 10%，高于 10% 时，其余部分可采用地下、半地下停车或多层停车楼等方式。

（5）公交车辆全部采用清洁能源（图 2-6-11），严格限制耗能型个体机动化交通出行，车辆节能、减排、降噪标准达到国际领先水平，鼓励更多人选择公交的同时也提供了更加通畅的道路交通环境。制定鼓励使用环保能源动力车的措施等来完善城区的交通管理。

6. 信息化管理

烟台高新技术产业开发区在全市范围内率先推行智慧城市综合管理服务模式，通过深化智慧城市建设，创新城市管理运行监督模式，将分散的城市资源进行整合统一管理，实现城市管理的科学化、标准化、精细化，有效提升城市管理水平和突发事件处置能力。

（1）数字化城市管理基础

烟台高新区坚持高标定位、整体规划、分期推进，先后投资 1 200 多万元，实施两期智慧城市建设工程，分布各类传感器 1 000 余个，利用物联网技术，对地下管线、城市亮灯、环卫作业车辆等城市管理对象进行科学监管。高标准打造烟台市首家智慧城市管理中心，集信息汇聚、调度指挥、监督考核、

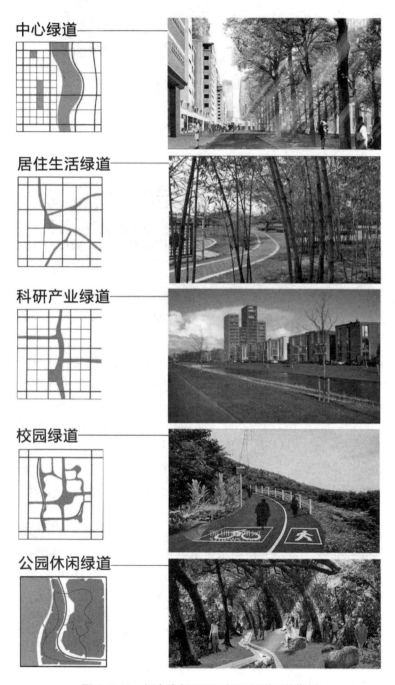

中心绿道

居住生活绿道

科研产业绿道

校园绿道

公园休闲绿道

图 2-6-10　烟台高新区不同场景绿道网络指引

图 2-6-11　绿色交通配套设施

辅助决策、监测预警功能为一体，依托智慧城市管理系统实时掌握城市地下管线安全运行、城市部件异常问题处置等动态情况。开发移动端 APP，具备巡视检查、任务监管、实时跟踪、隐患问题汇报、定点打卡、问题拍照上传、调度派工、自动生成工作日志等功能，实现移动端 APP 城市管理巡查人员安装、使用全覆盖。加强巡查队伍专业化建设，推行"万米单元网格管理法"和"城市部件、事件管理法"，推动日常巡查制度化，利用移动端 APP 对城市管理相关部件、环卫问题及时发现并上报处置，打造全闭环智慧城市管理体系。

（2）环卫信息化监管

烟台高新区加强雨水排水口管理，在 51 个雨水排水口安装监测传感器，实现全区重点企业、重点部位雨水排放监测全覆盖，为排污判断提供数据依据。加强垃圾中转站管理，在全区 10 处垃圾中转站加装垃圾桶满溢监测设备，对垃圾桶满溢情况进行动态监测，实时、直观掌握检测点运行状态。加强特种作业车管理，对洒水车、扫道车、灌溉车、垃圾车等城市管理特种车辆，全面安装视频监控和 GPS 定位设备，依托智慧城市管理系统的车辆管理模块，实现对作业车辆行驶轨迹的全程、精准、可溯追踪。

（3）交通智慧化管理

依托烟台市"互联网 +"智能交通平台，努力实现交通监管智能化、信息化，针对公共交通系统，建立了 GPS 智能调度系统、车辆监控系统，手机便民 APP 等系统，同时筹备公交车载信息设备一体机的投入使用、公交区域路段信号灯优先系统等项目实施。

依托烟台数字公路综合管理服务平台，提高公共出行服务能力，深入推进"智慧公路"建设，重点建设道路监控、车辆 GPS 定位、车载监控、路政服务大厅监控、OA 办公平台、视频会议等一体化综合管理平台，更好地为城区公路建设发展保驾护航。

（4）道路照明信息化

烟台高新区通过城市照明信息化平台建设，搭建城市照明监测控制网络并配套控制管理设备，提供城市照明设施资源管理、城市照明智慧控制和节能管理（图 2-6-12）。起步区内智能照明动态管理系统可根据区域、季节、自然光照度、功能需求等因素的不同，在每天的不同时段（即不同交通流量或人流情况）按照照度调整表的设置，实现对道路照明的动态化管理，提高照明质量的同时获得最佳的节能效果。

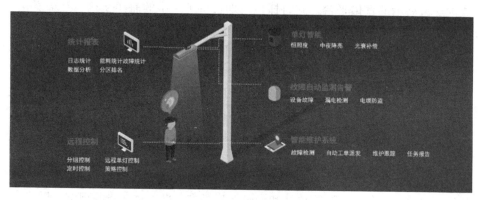

图 2-6-12　智慧交通体系

（5）城市安全信息化

在区域内 30 余处重点森林防火点出入口添加监控视频，安装语音播报，提醒进出人员和车辆注意森林防火安全。为防火员全员配备智能手环，具备巡查路线记录、应急报警、人员定位、信息管理等功能，督促防火员定时开展防火点集周边情况巡查，发现问题及时反馈上报，做到问题早发现、火情早处置。开展城市内涝监测，以海天路立交桥为试点，安装积水监测装置，一旦发生水情，第一时间发出警报，启动应急响应和处置机制，用智慧手段助力问题及时解决。

7. 人文

（1）以人为本

烟台高新技术产业开发区规划体系设计编制强调人本原则，通过多种方式保障群众参与城市规划设计，公众参与的措施包括：①规划设计方案公示、听证会或意见征询会、开展专家咨询、专家评审会、发放意见调查表等。②同时烟台高新技术产业开发区实施多层次、多形式的规划方案宣传机制，加强市民对城市规划参与认知。③实行城市规划委员会制度，推动规划的科学民主决策。

（2）绿色生活

绿色生态城区的建设和生态理念的落地不仅是政府和企业的工作，公众的参与也非常重要。烟台高新技术产业开发区管委会为更好地督促和指导居民日常生活中落实节能、节水、资源与环境保护以及生态文明生活建设的要求，特别编制了《烟台高新技术产业开发区绿色生活与消费导则》从节约资源、环境保护、资源的循环利用、绿色消费指导四个方面提出有较强可行性的生活措施，引导居民的绿色生活与消费。

（3）绿色教育

建设高新区博览中心作为城市总体规划、绿色生态技术、绿色建筑知识、技术交流展示的宣传平台。同时抓住"烟台特色"中的海洋文化、开埠文化、红色文化、民俗文化等主题，制定文化产业促进政策，加强城区文化宣传。此外，起步区通过烟台市管网微博、微信、网络新闻等网络途径和山东省绿色建筑与建筑节能新技术产品博览会等方式加强绿色建筑对外宣传。通过组织绿色讲坛对起步区内的政府管理人员、设计院所、居民进行绿色低碳教育。建立绿色宣传周和低碳宣传日活动，每年组织学校、社区活动，以"节能有我，绿色共享"等为主题在城区营造节能降碳的浓厚氛围。

（4）养老保障

根据烟台市《关于加快发展养老服务业的实施意见》，烟台高新技术产业开发区对养老服务业在政策扶持和措施保障等方面做了进一步的规定，明确了养老服务业的发展目标，全面建成以居家为基础、社区为依托、机构为支撑，功能完善、规模适度、覆盖城乡的养老服务体系，形成较为完善的养老产业体系；千名老人拥有床位达到40张以上，护理型床位占养老床位总数的30%以上；实现"社区养老服务圈"全覆盖，城乡居家养老服务信息网络全覆盖，生活照料、医疗护理、精神慰藉、紧急救援等基本养老服务覆盖所有居家老年人；基本形成政策健全、机制完善、标准规范、平等参与、竞争有序的养老服务业市场环境，养老产业占三产总收入比重明显提高。

（5）无障碍设施

烟台高新技术产业开发区起步区在城市建设过程中严格落实国家和山东省无障碍设施标准，为居民出行提供安全、连续的无障碍保障。根据城市规划设计和建设现状情况，起步区在人行道、非机动车道、人行天桥和隧道、公交停靠站、地铁站、停车场等公共场所建设有无障碍通行设施。无障碍慢行交通覆盖率要求 100%。停车场考虑无障碍停车，要求无障碍停车位数量比例不低于 1%。

（6）城市文化

烟台高新技术产业开发区起步区属于新建城区，区域内暂无历史文化资源、需要保护的古树、古建筑等资源。绿色生态城区建设主要抓住"烟台特色"中的海洋文化、开埠文化、红色文化、民俗文化等主题，制定文化产业促进政策，培育文化创意产业发展。

建设多处文化公园：滨海科技公园，利用青色地景式科技小品为主题，建设科普教育游园，科技改变生活的体验场所。海洋地质公园，利用橙色沙石、珊瑚礁等，建设海洋地质科普体验公园。城市文化公园，利用红色文化景观元素为主题，建设中韩友好文化体验区，辅以传统美食、购物、娱乐休闲一站式配套。滨海音乐公园，以音乐喷泉、雕塑、小品为主题，建设艺术熏陶与放松身心的滨海游园。水上运动公园，以蓝色海洋元素为主题，建设地标式的滨海节点，最大的海洋浴场，水上运动的聚集地。生态湿地公园，以绿色生态湿地景观为主题，建设黑松林的天堂，享受森林与都市交叠的理想生活方式。影视动漫公园，以大型音乐元素为主题，全开放式的创意街区游园，创意文化的展示体验场所。

2.6.5　低碳发展效益

（1）生态效益

烟台高新技术产业开发区地处山东半岛，拥有森林、草地、湿地、海岸潮间带、海洋等多种生态系统类型，具有较高的物种多样性，本地木本植物指数可达到 0.93。

为提升生态环境保护效果，烟台高新技术产业开发区起步区对城市环境质量进行严格把控和治理。加大水土保持工程力度、大幅度提高植被覆盖率，优化区域景观环境，改善河湖水质，对于规划地块内的通海西河、通海东河按照Ⅳ类标准执行。对城市垃圾进行分类回收、密闭运输、安全处理，对机动车加强管理与尾气治理，提高公共交通出行比例，并建立空气检测点位等措施来保护城区空气环境质量。

（2）资源节约效益

区域规划建设绿地面积为 1.40 km²，有 1.37 km² 为节约型绿地，且开发区积极实施海绵城市建设，推行绿色雨水基础设施，提高建筑与小区的雨水积存和调蓄能力，建成后地表径流控制率可达 75% 以上。烟台高新技术产业开发区起步区主要利用可再生能源形式以太阳能、浅层地能、地源热泵为重点，可再生能源利用总量占城区一次能源消耗量的比例达到 12.96%。不断探索提高城市水资源利用效率，建设市政再生水供水系统，起步区再生水管网覆盖率为100%，城区建成后年非传统水源的利用率可达 5.91%。

起步区规划总人口约为 7.5 万人，人均碳排放量为 2.4 tCO_2/（人·a）；总用地面积为 3.5 km^2，单位地域面积碳排放量 5.15 万 tCO_2/（km^2·a）。

（3）社会效益

烟台高新技术产业开发区深入贯彻创新型国家战略部署，积极抢抓新旧动能转换重大工程、山东半岛国家自主创新示范区建设等历史机遇，以加快发展为中心，以改革、开放、创新为动力，通过创建绿色生态城区，着力打造产业特色鲜明、产城融合发展、经济实力较强、创新要素聚集、国际氛围浓郁、绿色生态和谐、营商环境优良、人民安居乐业的产业高地、科技新城、活力之区、幸福家园。

2.6.6 获得荣誉与奖项

2013 年，获批为山东省首批绿色生态示范城区；

2014 年，获批为国家首批中德低碳生态城市试点；

2015 年，顺利通过山东省绿色生态示范城区验收；

2019 年，获得国家绿色生态城区规划设计阶段二星级标识认证，是山东省首个获得标识认证的绿色生态城区；

2022 年，获批国家级知识产权强国建设试点园区；

2023 年，成功入选山东省绿色低碳高质量发展先行区建设试点。

2.7 广州南沙灵山岛片区

2.7.1 项目亮点

广州南沙灵山岛片区自 2014 年控制性详细规划中提出"绿色生态、低碳节能、智慧城市、岭南特色"的建设理念，区域建设十余年来，坚持实施绿色低碳发展路径，形成一套"顶层设计＋中层衔接＋底层管控与落实"绿色低碳三步走战略，打造"全国可持续发展样板"。城区在建设过程中创新性地提出了"生态总师"管理模式，按照"总师制度＋城市设计导则＋专项课题"的技术模式，对出让地块的开发强度、建筑形态、空间布局、绿色生态等进行总体控制与引导，实现城区品质化、精细化建设。建立绿色建筑"技术+管理"的全过程管理机制，实施全过程绿色生态理念融合，实现高星级绿色建筑达 60% 以上，并建成了广州市首个超低能耗建筑。结合灵山岛片区三面环水的特点，提出"大小海绵"共建的理念，打造具备景观功能和防洪功能的生态堤岸，并率先在广州市开展海绵城市效果监测工作。优化道路交通，路网密度达到 9.5 km/km^2，依托绿廊、水域等自然景观，打造独立的休闲慢行网络。建立工程管理信息系统平台，借助智慧化管理全面保障绿色生态工程质量。

2017 年广州南沙灵山岛片区被评选为广东省绿色建筑示范区，2019 年获得 Construction 21 国际"绿色解决方案奖"，2019 年 8 月获得国家级绿色生态城区三星级设计标识，2020 年 11 月获得保尔森可持续发展奖绿色创新类别优胜奖，2020 年 12 月获得亚洲都市景观奖。

专家点评： 中国的绿色城市建设已经达国家战略的新高度。广州南沙灵山岛片区首创的绿色生态总师管理模式，非常契合国家对于城镇化建设思路，通过城市生态总师对城市生态建设工作进行总体控制与引导，避免片区生态建设过程中碎片化、衔接不充分、效率低等问题。对于城区绿色低碳建设，具有重要作用。预估在区域管理部门、绿色生态总师专业团队以及区域开发建设者的共同努力下，未来区域建筑、交通、智能出行等方面将大幅降低碳排放量，有助于保护自然山水格局、传承历史文献、彰显城市文化、塑造风貌特色、提升环境品质具有重要影响。

2.7.2　项目简介

广州南沙新区位于广州市南瑞，2012 年和 2014 年先后获批为国家新区和自贸试验区，2016 年定位为广州城市副中心；2019 年《粤港澳大湾区规划纲要》明确将南沙建设成为粤港澳大湾区引导示范区。灵山岛片区是广州南沙新区核心建设先行开发区，广州市南沙新区明珠湾管理局负责区域开发、建设及运维管理工作，总占地面积为 3.485 km^2，规划总建筑面积 458 万 m^2，主要由分为 C1、C2 两个控制单元构成，C1 单元 1.84 km^2，主要定位为国际综合性社区；C2 单元 1.64 km^2，承担着广州南沙新区先行示范建设绿色低碳发展的重要作用。片区整体规划建设围绕"绿色生态、低碳节能、智慧城市、岭南特色"16 字方针，以推动粤港澳金融服务合作发展，建成服务珠三角、面向世界的珠江口湾区中央商务为愿景。

区域属于南亚热带季风性海洋气候，温暖、多雨、湿润，夏长冬短，夏季时段超过 6 个月。四季气候可概括为，夏无酷热，冬无严寒，春常阴雨，秋高气爽。地区年平均气温 22.2℃，最热月与最冷月的平均气温之差为 14.7℃。年平均雨量 1 646.9 mm，当年 4~9 月为雨季，10~ 次年 3 月为干季。年平均相对湿度为 79%，年平均风速为 2.2 m/s。夏盛吹偏东南风，冬多吹，偏北风。夏秋常有热带气旋影响，平均每年约有 3~4 个热带气旋影响南沙区；冬季会受强冷空气影响，平均每年约有 1~2 次强冷空气影响南沙区。

区域拥有良好自然资源禀赋，水网密布，拥有岭南沙田水乡特色，区域在开发建设中始终利用岭南水城特征，构建生态堤岸，打造层次丰富的岭南滨水景观；开展固废资源化利用，将建筑垃圾、淤泥等进行加工，实现可循环再生利用。拥有丰富的生物多样性，植物拥有热带、亚热带和温热带植被 100 余种。动物以鸟类和鱼类为主，共有鸟类 20 余种，其中国家 2 级保护鸟类 3 种，省级保护鸟类 14 种；鱼类 100 余种，河口鱼类较多，水道廊道鱼类主要为纯淡水鱼。日照资源丰富，建立能源规划，积极开发利用可再生能源，规划建设分布式能源站，初步形成了以江水源、空气源和太阳能资源为主的新能源利用体系。

在优异自然禀赋基础上，灵山岛片区一级开发于 2014 年 8 月开始实施，2017 年 12 月正式完成，二级地块出让于 2016 年 12 月开始，2019 年 12 月底，灵山岛尖片区安居房工程正式入住，2020 年底基本完成地块出让工作，同时开展了公共基础设施配套建设以及招商引资工作。在十余年共同努力下，灵山岛片区已经形成生活环境宜居、生态环境优美，生产环境高效的绿色生态城区。在国家政策以及区域自身禀赋的吸引下，共有 78 家金融企业，其中注册资本 5 000 万以上的就有 48 家，11 个企业总部和 500 强企业入驻。区域已经实现金融商务发展试验区，重点发展总部经济、金融服务和商业服务的整体功能定位。

灵山岛片区建设实写与片区总平面图如图 2-7-1、图 2-7-2 所示。

2.7.3 关键技术指标

灵山岛片区是广州明珠湾起步区首期开发区域，区域围绕国家发展理念，按照"国际化、高端化、品质化、精细化"的高标准要求，聚焦绿色建筑、能源、固体废弃物、绿色交通、绿色金融等领域开展多项绿色低碳发展工作，引领未来城市发展方向。在多项措施合力作用下，区域构建资源节约生产方式，健全激励和约束制度，增强可持续发展能力，实现了单位国内生产总值能耗降低 16%、二氧化碳排放降低 17%，每年减排 CO_2 约 22.83 万 t 的低碳效果。相关指标参见表 2-7-1。

图 2-7-1　灵山岛片区建设实景

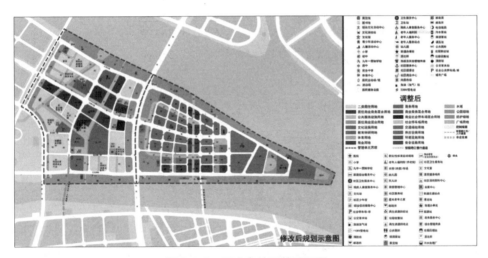

图 2-7-2　灵山岛片区总平面图

表 2-7-1　广州南沙灵山岛片区绿色生态关键指标

指标	数值	单位或比例等
城区市政路网密度	9.50	km/km²
绿地率	38.18	%
绿化覆盖率	≥40.00	%
综合物种指数	≥0.70	—
本地木本植物指数	≥0.90	—
功能区最低水质指标	达到Ⅳ类	—
环境噪声区达标覆盖率	100.00	%

续表

指标	数值	单位或比例等
可再生能源供应量占一次能源消耗比例	8.12	%
城区供水管网漏损率	< 8.00	%
城区市政再生水管网覆盖率	100.00	%
非传统水源利用率	13.33	%
城区生活污水收集处理率	100.00	%
绿色建材使用比例	50.00	%
生活垃圾资源化率	≥50.00	%
垃圾无害化处理率	100.00	%
绿色交通出行率	76.00	%
公交站点 500 m 覆盖率	100.00	%
轨道交通 800 m 覆盖率	97.00	%
居民宽带网络接入率	100.00	%
城区公益性公共设施免费开放率	100.00	%
年径流总量控制率	72.00	%

2.7.4　主要技术措施

为确保生态建设目标融合到明珠湾起步区城市总体的发展目标中，达到精准施策，有效落地，灵山岛片区编制"1+5+N"绿色生态落实体系，主要为 1 套低碳顶层指标体系，绿色交通、绿色能源、绿色市政（水资源）、绿色建筑、固体废弃物 5 套专项规划。N 项具体落实的技术导则及落实方案，包括绿色建筑从规划、设计、施工、运维全过程技术文件、海绵城市系统化落实方案和技术导则体系、绿色低碳落实实施方案。技术体系系列成果将降低碳排放有机落实到具体的工作抓手，确保减碳、生态目标逐层落地。

1. 土地利用

（1）规划布局

灵山岛片区以建成商务、总部基地、商业中心、文化及居住等主要功能为一体，形成金融产业及总部经济集聚的综合性区域为目标。根据灵山岛功能定位，区域形成了"三轴、三芯、多组团"的规划布局，其中 C1 单元形成生活服务芯、商务商业集聚轴、休闲商业轴，如图 2-7-3 所示。优化 C1 单元 5 个"4R"

国际综合社区 300 m 范围内的功能复合性，形成便捷社区服务的一体化模式，同时强化"双轴"的复合功能融合提升区域滨水活力，保证与 C2 单元的联系。C2 单元形成商务商业芯、生活服务芯、灵山文化芯。优化 C2 单元四个高端总部办公组团商业兼容性，增强城市空间复合性，打造 24 h 活力 CBD 商务圈。

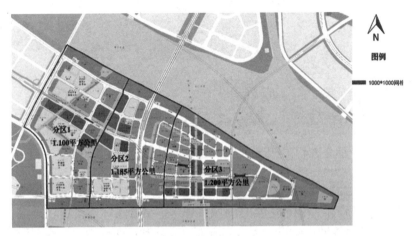

图 2-7-3　广州南沙明珠湾起步区灵山岛片区土地利用示意图

（2）混合开发

区域内主要包括居住用地（R 类）、商住混合用地（R/B）、商务、商业用地（B 类）、公共管理与公共服务设施用地（A 类）、道路与交通设施用地（S 类）、市政公用设施用地（U 类），绿地与广场用地（G 类）用地等，其中建设用地面积 3.24 km²，混合开发比例达 100%。同时在控制性详细规划中，明确区域职住平衡、功能混合的要求，规划 C1 单元提供约 15% 的商务商业功能，为商务及居住生活提供便捷服务配套；C2 单元商务用地兼容商业比例约 1%-15%，融入零售、酒店公寓等商业功能，增强城市复合度，提升城市活力。

2. 生态环境

（1）岭南特色生态堤岸

灵山岛片区三面环水，岸线资源丰富，结合珠江出海口独特的潮汐特征，采用"以宽度换高度"的方法，建设防洪超级堤，同时将滨水步道、自行车绿道、滨海公园、休闲娱乐设施建在其中，构建融合娱乐休闲与防洪功能于一体的现代岭南特色海岸。开展生态培育工作，建设具有自由生长能力、景观优美的生态堤岸，如图 2-7-4 所示。

图 2-7-4　广州南沙明珠湾起步区灵山岛片区生态堤岸

（2）推进"大小海绵"设施建设

如图 2-7-5 所示，积极落实海绵城市理念，结合实际建设需求推进"大小海绵"共建的海绵城市建设：大海绵方面，充分利用明珠湾"五水汇湾"和河涌密布特征和良好的生态本底，规划"强排＋自排＋调蓄"的排涝体系，保障区域整体防涝安全，防洪 200 年一遇，排涝达到 50 年一遇暴雨 24 h 排干不成灾的建设标准；小海绵方面，分解海绵城市指标，在公园绿地、建筑工程等具体项目中落实海绵要求，保证指标落实。在区域内建成雨洪公园，作为南沙新区"水资源利用"示范点，雨洪公园不仅能消纳周边道路雨水，减少道路雨水管网压力，还能增加景观效果，以休闲游览为主，把海绵理念融入公园景观中，让公众在休闲游览中体会到海绵设施的技术原理和实施效果，如图 2-7-6、图 2-7-7 所示。

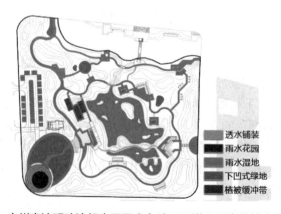

图 2-7-5　广州南沙明珠湾起步区灵山岛片区雨洪公园海绵城市设施布局图

图 2-7-6　雨洪公园下凹式绿地与植被缓冲带

图 2-7-7　雨洪公园湿塘中心

如图 2-7-8 所示，除海绵城市建设外，灵山岛片区还按照住房和城乡建设部《海绵城市建设绩效评价与考核办法》《海绵城市建设监测标准》等标准要求，在广州市率先开展了海绵城市效果监测工作。选取典型排水分区构建"源头—过程—末端"的监测体系，采用在线监测和人工监测相结合的范式，对区域排口、受纳水体、管网关键节点、典型项目与设施的水量、水位和水质进行实时监测，根据监测数据评估海绵城市建设实际效果，定量考核评估海绵城市建设对水资源、水生态、水环境的维持和改善效果。

3. 绿色建筑

（1）绿色建筑总体布局

如图 2-7-9 所示，灵山岛片区 100% 建设绿色建筑，规划到 2025 年，高星级绿色建筑比例达到 60% 以上，其中三星级绿色建筑达 20%。为保证绿色建筑实施效果，编制绿色建筑星级布局规划，加强区内绿色建筑管理，绿色建筑

131

图 2-7-8　广州南沙明珠湾起步区灵山岛片区海绵城市监测项目

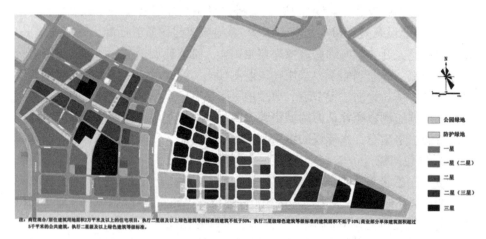

图 2-7-9　广州南沙明珠湾起步区灵山岛片区绿色建筑星级布局规划图

星级目标纳入土地出让条件，编制涵盖规划、设计、施工、竣工验收的全过程技术文件，建立"生态总师"全过程管理机制，指导区域绿色建筑相关工作。

（2）绿色施工

灵山岛片区新建项目全面推行绿色施工，施工承包单位在施工组织方案中制定了绿色施工实施方案。施工单位在施工过程中严格落实，监理单位严格按照绿色施工监理细则进行检查和监督。区域绿色施工工作取得了良好的社会、环境、经济效益，被广州市建委授予"绿色施工示范区"。

（3）绿色建筑典型项目

①广州南沙青少年宫项目

如图 2-7-10 所示，南沙青少年宫紧跟当下国际先进儿童教育理念发展趋势，抓住粤港澳大湾区建成绿色、宜居、宜业、宜游的世界级城市群的机遇，打造成为面向粤港澳大湾区的综合性、示范性国际青少年交流活动平台。项目融合了素质教育、科技体验、对外交流、文化休闲、团队活动等多元化功能，致力于将最好的校外教育给青少年儿童，使更多的青少年感受更先进的文化，引导了青少年课余文化活动的健康深入发展。

图 2-7-10　广州南沙明珠湾起步南沙青少年宫

如图 2-7-11 所示，南沙青少年宫以三星级绿色建筑为标准，致力于打造整个新区绿色建筑发展的标杆，做好示范引领，为广大青年提供健康、舒适、和谐、生态的学习环境。

②灵山岛片区九年一贯制学校项目

灵山岛片区九年一贯制学校在实现基本教育功能的基础上，努力实现从教与学向多元化方向发展，通过校园环境、资源、活动的全部数字化、智能化、实现教育过程的全面信息化，提高教育管理水平和效率，提高师生环境素养并体现南沙及学校的文化积淀。

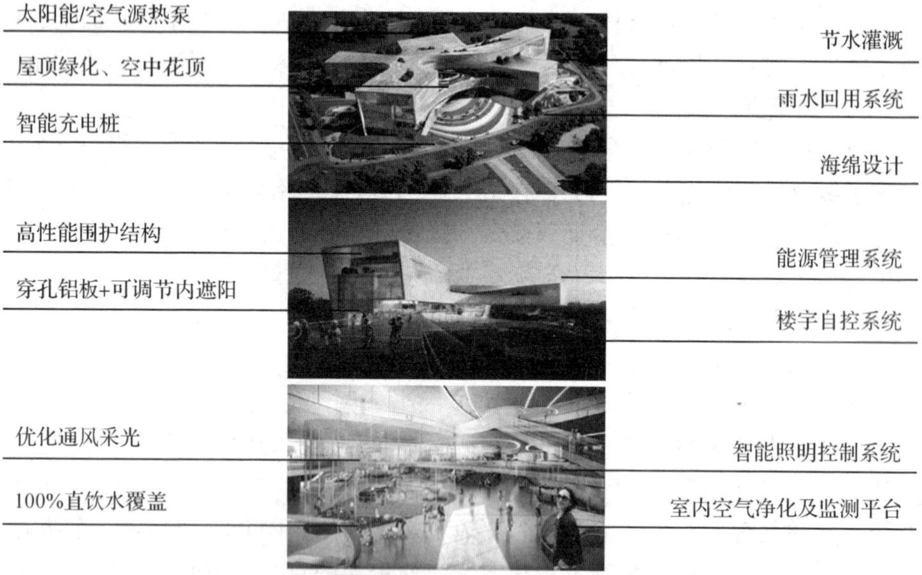

太阳能/空气源热泵

屋顶绿化、空中花顶

智能充电桩

高性能围护结构

穿孔铝板+可调节内遮阳

优化通风采光

100%直饮水覆盖

节水灌溉

雨水回用系统

海绵设计

能源管理系统

楼宇自控系统

智能照明控制系统

室内空气净化及监测平台

图 2-7-11 广州南沙明珠湾起步南沙青少年宫绿色建筑技术亮点

在凸显校园特色的同时，灵山岛片区九年一贯制学校还充分考虑和周边环境的融合，在方案设计之初就根据南沙新区的文化、地理、环境、生态等因素，突出明珠湾区起步区的良好自然禀赋，做到"透气、透风、透水、透绿、透景"，将"五透"理念根植于南沙的城市建设之中，同时按照绿色建筑三星的标准设计，打造"绿色校园"，如图 2-7-12 所示。

图 2-7-12 广州南沙明珠湾起步灵山岛片区九年一贯制学校

③南沙公交站场近零能耗项目

开展南沙公交站场示范项目建设，探索夏热冬暖地区近零能耗建筑设计策略，该项目实现建筑综合节能率 86.29%，建筑本体节能率 31.96%，可再生能源利用率达 77%，已获得"近零能建筑"标识认证，成为广州市首座"近零能耗"建筑，如图 2-7-13 所示。

图 2-7-13   广州南沙明珠湾起步区灵山岛片区近零能耗公交站场实景图

4. 资源与碳排放

（1）区域碳排放计算

灵山岛片区实施建筑节能、低碳交通、高效市政等降碳措施，并在此基础上实施可再生能源利用、绿化碳汇等技术，减少运营的 CO_2 排放，经测算灵山岛片区年 CO_2 排放量约为 14.08 万 t。

灵山岛片区建成后总人口约为 4.89 万人，年人均 CO_2 排放量为 2.88 t；总用地面积为 3.485 km^2，年单位地域面积碳排放量 4.04 万 t（CO_2）。

（2）提升可再生能源应用比例

灵山岛片区按照"减量化、再利用、资源化"的原则，采用适宜的可再生能源，主要包括河水源热泵、太阳能热水、太阳能光伏、空气源热泵供生活热水等，建立高效、环保和环境友好的绿色能源系统，全年可再生能源利用率达 8.12%。

（3）建设分布式能源站

如图 2-7-14 所示，积极推进分布式能源站建设，在城市负荷中心采用冰蓄冷电制冷方式建设能源站，供能范围为 41.5 万 m^2，提高了能源利用效率，并且为夏热冬暖地区采用集中供冷提供了样例和参考。

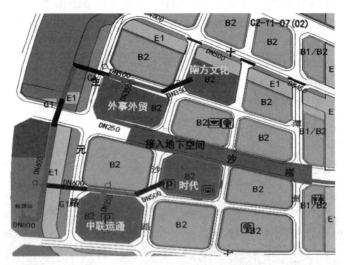

图 2-7-14　广州南沙明珠湾起步灵山岛片区能源站点规划图

（4）建设能耗监管平台

规划建设能源综合展示平台和可再生能源监测平台，该平台安装用能分项计量装置，上传到上级能耗监测平台。其中能源综合展示平台主要对区域内大型公共建筑进行监测，对灵山岛片区内的能源消耗特点进行综合统计后以直观的系统运行分析的界面展示。可再生能源监测平台对区域内可再生能源示范项目应用效果长期跟踪，并对现有项目的运行数据对比分析，判定各可再生能源利用效果。

（5）合理利用固废资源

如图 2-7-15 所示，加强建筑废弃物利用，结合新建片区的特点，加强建筑垃圾的资源化利用，区域成立建筑废弃物再生利用处理中心，处理后用于制作建筑材料，建筑垃圾再生利用率达 80% 以上。

结合区位条件和自然本底情况，开展淤泥资源规模化利用，改良淤泥弃土后全部用于路基填土或绿化种植土。采用集中处理模式，处理淤泥量 50 万 m^3，用于绿化种植后，进一步节约区域景观建设成本，经济效益更加明显。

5. 绿色交通

（1）提升绿色出行比例

借鉴国内外城市绿色交通发展经验，以"安全可靠、便捷高效、绿色低

图 2-7-15　广州南沙明珠湾起步灵山岛片区固废资源化利用

碳"为总体目标，实施"以轨道交通、公共交通为主导的对外交通"+"以常规公交、慢行交通为主导的对内交通"的综合交通策略加强社区内部慢行道路建设。同时，通过各项宣传，增强在住居民的绿色出行意识，积极采用绿色交通方式出行。规划到 2030 年，完成起步区各项交通设施建设，包括智能交通设施、公共自行车租赁点、新能源公交车等，为居民选择绿色出行提供有力保障。经核算，灵山岛片区绿色出行比例为 76%，如图 2-7-16所示。

（2）优化道路与枢纽设计

灵山岛片区道路设置充分考虑未来区域未来承载能力，对外道路设置三条高速公路，三条快速路，六条城市主干路；对内道路承接城市主干路的同时，加密区域路网，细化居住地块划分，形成"小街块、密路网"的城市道路，路网密度可达 9.5 km/km²。区域规划建设三条轨道交通，设置轨道交通站点 4 座，800 m 轨道交通覆盖率可达 97%。此外，区域设置 3 条公交快速通道，10 条公交干线，设置公交首末交通站点 5 座，21 座中途公交站点，大幅度提升了公共交通出行便捷度，如图 2-7-17 所示。

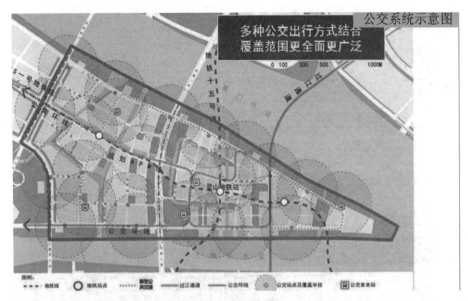

图 2-7-16 广州南沙明珠湾起步灵山岛片区公共交通一体化设计

图 2-7-17 广州南沙明珠湾起步灵山岛片区公共交通优化路网设计

（3）静态交通

如图 2-7-18 所示，区域慢行交通紧密结合轨道交通车站、公交车站，结合站点周边 TOD 规划设计，采用高密度用地发展模式，围绕轨道交通枢纽规划建设高密度、立体化、人性化的步行网络，依托绿廊、水域等自然景观，打造独立的休闲慢行网络，设置环岛滨江慢行道 5.2 km，滨水慢行道 13.6 km，为居民和游客提供舒适的慢行外出环境。

建立"供需平衡、智能引导、集约共享、绿色生态、多元经营、有序发

图 2-7-18　广州南沙明珠湾起步灵山岛片区公共交通优化路网设计

展"的停车系统，设置分期停车实施目标，近期目标以满足需求为导向，以规范交通管理为目的，以智能停车位引导手段，紧密结合区域公共交通系统建设，构建和完善区域停车管理设施；远期以停车发展战略为纲，不断完善停车政策，全面建成停车设施和管理体系。

6. 信息化管理

灵山岛尖片区实施智慧网络、交通、智慧用电、智慧政务到智慧工程，明珠湾的智慧"天罗地网"已逐步铺开，这意味着一个示范性智慧城市样板和标杆正在孕育成长中。如何更好地与粤港澳地区实现对接，促进区域间信息与服务的高效集聚和合理流动，以信息支撑和推动业务的发展，灵山岛尖将在未来一次次实践中不断破解。

（1）一流网络基础设施建设

区域规划 14 个站点连片试点物联网网络，按照 100% 绿色机房标准建设3 个通信核心机房，规划使用年限不低于 50 年。已经形成以千兆网络为基础，融合 5G、NB-IOT 等新型通信技术，构建国际一流的互联网基础环境。

（2）智慧化城市运营平台

如图 2-7-19 所示，建设城市规划、建设、管理、运营为一体的智慧化城市运营平台，提升城市的运行效率和精细化管理水平，实现数据价值的有效利用及拓展。围绕"安全、服务、管理"三大主题建设数字化综合管理平台，以智能控制、网络化管理、优化决策与调度等先进技术，搭建适合规划、建设与管理实践的数字化体系。利用计算机技术和手段，全方位信息化处理区域内人、车、物及相关系统数据并加以利用，从而实现数字化信息管理及指挥决策管理。

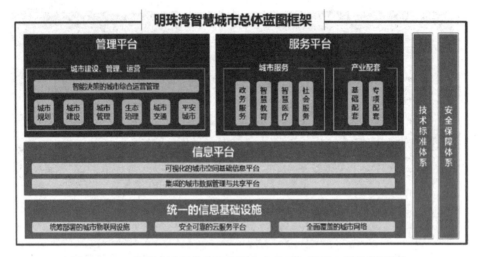

图 2-7-19 广州南沙明珠湾起步灵山岛片区智慧城市总体蓝图框架

依托城市运营管理中心平台建设基础，明珠湾管理局打造"智慧指挥中心"，通过上线视频汇聚分析平台，融合包括儿童走失追溯、渣土车违规识别、车辆违停识别、占道堆物、占道经营等在内的多种智能视觉识别算法，实现问题的发现、取证、追溯及报送等流程，全程智能化识别、处理，着重解决了多项城市治理痛点。这也标志着灵山岛尖城市片区智慧运营从单点设施初步数字化的 1.0 阶段，迈入多元应用场景集成的 2.0 阶段，对明珠湾区未来城市的创新发展具有重要意义。

（3）工程管理信息系统平台

灵山岛片区所在的明珠湾起步区构建了开发建设工程管理信息平台，该平台是明珠湾起步区智慧城市框架下"管理平台"中"城市建设管理"的重要组成部分，通过专项管理信息系统，面向建设项目综合管理，落实区域城市规划设计，实现"绿色、生态、智慧"城市建设目标。该系统覆盖项目全生命周期，可实现建设项目参建各方参与多层级、多模块的建设管理和综合性应用。

明珠湾起步区工程管理信息系统集"作业、管理、决策"于一体，实现工程项目从立项、设计、施工、验收到综合评价的全过程管理及综合呈现，同时协同沟通机制及政务一体化平台，减少过程耗时，提升协同效率和执行能力，为城市规划及项目设计提供科学决策支撑该工程管理信息系统设置有项目信息汇总、进度管理、投资管理、设计管理、施工管理、协调管理等功能模块，通过创新工程项目网格信息化管理理念，依托大屏幕设备，基于地图的网格化管理理念，实现建设项目从宏观到微观的逐级、分层次综合呈现。

（4）智慧水务建设

建设智慧水务示范区，探索"灵山岛片区"智慧水务建设，建成南沙水务管控分中心，针对防洪、雨水、供水、污水四大系统，兼顾人工湖、湿地系统，构建视频监控系统、在线监测系统、智能分析系统以及决策辅助系统，系统界面应直观友好，快速稳定，软硬件方面均需要预留足够空间，为下一步总控、其他片区分控系统整合预留通道与接口。

7. 产业与经济

灵山岛片区开发建设将按照"以产促城、以城促城、产城融合、功能集聚"的发展原则，实施"基建先行、公服同步，总部引领、居住配套，聚焦开发、空间预留"的开发策略。基于"产城融合"城市发展理念，灵山岛片区形成"一岛两区七组团"的空间结构，配合产业集聚和土地开发，以"多中心组团式"的布局理念进行分区发展。东侧"金融商务区"发展"金融服务组团""总部经济组团""创新创意组团"和"配套组团"，推动产业集聚；西侧"钻石水城社区"依据住宅现状和开发时序划分为"协调发展组团""文娱公服生活组团""品质住宅组团"。通过各区及组团功能之间和谐发展，推动区域产业集聚，共同打造南沙未来的价值高地以及后续金融发展的引擎点。

目前，灵山岛片区共有 78 家金融企业，其中注册资本 5 000 万以上的就有 48 家，包括华泰期货、金鹰基金、广州产业投资母基金等大型金融公司；粤港澳大湾区（广州南沙）跨境理财和资产管理中心也以灵山岛片区为核心，依托明珠金融创新集聚多个商业项目，建设资产管理集聚区，已成功引进科技金融、融资租赁等 48 家实力金融企业，打造南沙塔尖金融商务圈。除此之外，省交通集团智汇晶谷、星河总部 2.0、欧昊总部、时代湾区总部、粤海湾区中心、小马智行等 11 个企业总部和 500 强企业入驻，累计落地签约项目 33 个，"总部经济集聚区"已现雏形。灵山岛片区金融商务 CBD 的气势已经显现，灵山岛片区作为总部经济集聚区，将持续汇聚湾区优秀商业力量与头部企业，为南沙明珠湾起步区"强引流"。

8. 人文与管理

（1）绿色教育

区域均衡教育资源，以促进义务教育优质均衡发展为目标，优化教育资源，提升义务教育整体水平和综合实力。建设九年一贯制学校 1 所，小学 4 所，幼儿园 5 所，综合文化中心 1 处，规划活动站 2 处。已建成的南沙青少年宫是绿色建筑的典范，少年宫设置了"碳足迹"记录系统，向每个进入少年宫的孩子和家长传达低碳理念。

开门问策，多面宣传，在低碳生态的宣传和普及方面，广州市南沙新区明珠湾开发建设管理局增加了多种方式互动，调动民众参与共建：网上开展方案民众意见征集、技术上开展明珠讲坛，邀请大师、名师开展讲座、日常宣传、民众满意度问卷、意见征集等方式，加强民众、企业、参建各方参与城市建设和生态保护的热情，提升居民归属感和责任心，进而潜移默化改变居民的活动方式，主要介绍两种方式：

①建立宣传公众号。通过公众号，积极发动、组织引导居民参与生态城区的建设工作，建立和完善公众参与制度，涉及群众利益的规划、决策和项目，充分听取群众的意见，及时公布区域绿色生态城区方面的建设重点内容，扩大公民知情权、参与权和监督权。同时大力开展生态城区的群众性创建活动，积极组织和引导公民从不同角度、以多种方式，积极参与绿色低碳生态城区建设。

②组织明珠讲坛。为使城市建设参与主体更加了解区域绿色低碳城区建设的内涵和外延，主管部门定期主办明珠讲坛活动，将区域的新理念、新建设、新思想在讲坛上进行推广讲解，讲坛主题包括绿色建筑、智慧隧道、装配建筑等，取得了很好的宣传效果，如图 2-7-20 所示。

图 2-7-20　讲坛宣贯绿色理念

（2）岭南文化特色

传承和发扬南沙沙田水乡特色及文化内涵，以骑楼、架空、立体园林等适宜岭南地区地理气候特点的传统做法融合在现代的城市街巷体系、楼宇建筑中，构建依水而居的富有岭南特色的水乡社区。秉承开放、包容、务实的岭南文化精神用现代城市建设理念进行改造和提升，打造城市内河道、河滨生态廊道及水陆慢行休闲空间，构建岭南特色的多层次的滨水景观。

（3）生态总师管理模式

在区域项目整体管理方面，灵山岛片区按照"管委会＋管理局＋平台公司"的工作架构开展建设工作。在绿色低碳建设方面，重新提出全国的"生态总师"制度，前瞻性探索片区绿色低碳发展模式。对区域建筑、市政基础配套、能源资源、绿色交通等绿色低碳发展进行全面引导，控制出让地块的开发强度、建筑形态、空间布局，有序推进城区品质化、精细化建设，解决区建设过程中各专业碎片化、各自为政、衔接不充分等问题。此绿色低碳建设模式已得到本领域专家、广州市政府部门的认可，能够在其他绿色生态城区内进行复制推广。

2.7.5　低碳发展效益

（1）社会效益

区域绿色生态建设将为南沙区、广州市，乃至整个华南地区提供可复制、可推广的经验。区域建设完成后将形成金融产业以及总部经济集聚区，吸纳就业人数，为社会各界提供高质量的服务。区域建成后作为南沙高水平对外开放门户枢纽的核心功能区、城市副中心的引导示范区，发挥积极的引领作用。

（2）经济效益

按照灵山岛片区土地规划及营销策划方案，预计到 2025 年，片区提供商务物业建筑面积近 150 万 m²，商业物业建筑面积 28 万 m²，提供居住面积超过 100 万 m²，实现居住人口 3.4 万。灵山岛片区生产总值规模将超过人民币 1 050 亿元（占南沙区 2025 年生产总值目标 10 000 亿 10%~20%），提供近 13 万个就业岗位，实现税收收入将接近 200 亿元人民币。

（3）环境效益

区域通过多项措施开展 SO_2、氮氧化物、细颗粒物、挥发性有机物、臭氧等多污染物协同控制和共同减排，实现自贸区空气质量稳定达标，环境空气质量优良天数比例不低于 90%，消除重度及以上污染天气，PM2.5 年均浓度力争达 30 μg/m³，基本实现河畅、水清、堤固、岸绿、景美的总目标。

2.7.6　获得荣誉与奖项

2019 年，Construction 21 国际"绿色解决方案奖"；

2019 年，获得国家级绿色生态城区三星级设计标识；

2020 年，保尔森可持续发展奖绿色创新类别优胜奖；

2020 年，亚洲都市景观奖；

2021 年，"智慧绿廊——中国广州南沙灵山岛的活力韧性新城市客厅"项目，获 2021 年度国际风景园林师联合会亚太地区风景园林专业奖卓越奖。

2.8 上海桃浦智创城

2.8.1 项目亮点

上海桃浦智创城是上海首个同时获得上海市三星级绿色生态城区试点和国家三星级绿色生态城区规划设计标识的城区。上海桃浦智创城从规划阶段就体现了超前谋划的顶层设计，以高标准编制各类控详规划和专项规划，并制定了一整套绿色生态指标体系。作为上海首个也是最大的区域性棕地治理项目，城区率先开展了土壤和地下水修复工作，并实行"一地块一方案"的策略，根据不同地块的污染特征和未来规划要求，采用不同的修复模式。上海桃浦智创城以高端科技推动转型，从传统重污染的老工业区逐步转型为科创发展引擎与国际创新名城；以数字化转型为抓手，打造上海智慧城市和新型无线城市建设的示范区；通过加强历史遗产保护，强化城区的文化归属感。此外，上海桃浦智创城创新性地提出开发建设导则编制，并设立绿色生态审查制度，在各管理环节落实绿色生态指标及相关要求。

专家点评： 上海桃浦智创城立足"科创、智能、智造一体化"的目标定位，将打造上海西北中心城区具有引领性的现代化城区，建成以智慧总部核心驱动，"中央功能绿轴"串联，多个功能组团为载体，推动规划区发展，形成"一轴、一心、两带、多街区"的功能结构。城区打造世界领先的绿色节能办公建筑，以高效围护结构系统、精细化划分冷热系统等被动式措施降低能耗，以地源热泵、光伏系统等可再生能源进行补充，同时采用高效冷热机组和温湿度独立控制、高效热回收等主动节能技术，实现建筑运行零能耗。

2.8.2 项目简介

上海桃浦智创城位于上海市普陀区西北部的桃浦镇境内，是具有40多年历史的老工业基地。规划区离上海站约9 km，离虹桥火车站、虹桥国际机场约10 km，离陆家嘴约15 km。规划区东至铁路南何支线，南至金昌路，西至外环线，北至沪嘉高速公路，用地面积约4.2 km^2（图2-8-1），规划人口规模约2.9万。

上海桃浦智创城聚焦生态、业态、形态"三态合一"的转型发展目标，实践产城融合、绿色低碳、人性化发展的理念，形成以总部商务、科技研发、生

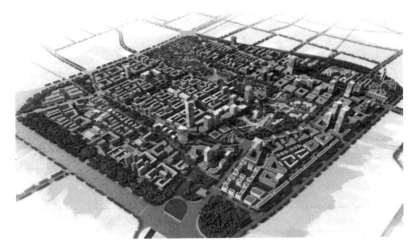

图 2-8-1　上海桃浦智创城鸟瞰图

态绿地为核心功能，居住、服务、休闲等配套功能的综合型城区。上海桃浦智创城意为智慧创新之城，"智"体现在"智能、智力、智联"的集聚融合，"创"体现在科技创新、管理创新、制度创新的系统集成。通过城市功能、先进产业、生态环境一体化发展，实现从老化工基地到绿色生态城区的跨越，努力打造上海中心城区转型升级的示范区、上海科创中心重要承载区。

2020 年 5 月依据《绿色生态城区评价标准》（GB/T　51255）获得绿色生态城区规划设计阶段三星级认证。

项目进度： 在智慧创新方面。结合《上海桃浦智创城海绵城市建设实施方案》，目前项目已完成桃浦中央绿地建设，其中包括植草沟及景观蓄水池；规划建设有雨水泵站及调蓄池，服务面积 1.96 km^2，设计暴雨重现期 5 年，设计流量 19.17 m^3/s；雨水调蓄池服务于整个核心区，服务面积 3.86 km^2，截流 5 mm 初期雨水，设计规模 10 000 m^3。在建筑方面。智创城总建筑面积为 447 万 m^2，截至目前，总计出让建筑面积约 126 万 m^2（不含保留建筑），其中商办地块约 77 万 m^2，住宅地块约 30.0 万方，科研地块约 1.2 万 m^2，租赁住宅约 9.1 万 m^2，公共服务及配套地块约 8.7 万 m^2；保留建筑面积约 39.4 万 m^2。已出让地块全部要求绿色建筑不少于二星级。其中已竣工并投入使用的智创 TOP605 项目，达到绿色建筑二星级要求；安生实验学校按照绿色建筑二星级标准建设并已投入使用；正在建设的智创 TOP603、604、606 项目按照不低于绿色建筑二星级标准实施；桃浦科创服务中心项目正在进行绿色建筑三星级的认证工作。上海桃浦智创城东拓区长三角示范一体化楼已投入使用，按照近零碳标准设计实施。在生态修复方面。持续推进污染土壤和地下水工程修复量分别为 122.8 万 m^3 和 54.4 万 m^3。截至目前，已治理土壤 67 万 m^3、地下水 20 万 m^3。其中"场地环境保护工作流程"已成为全市土壤污染治理标杆。

2.8.3　关键技术指标

基于绿色生态规划定位及目标，结合绿色生态现状评估，从土地与空间利用、绿色交通、绿色建筑、生态环境、能源利用、水资源利用、固废和材料利用、智慧城区、人文等9个方面构建了适合上海桃浦智创城的绿色生态指标体系，见表2-8-1。

表2-8-1　项目关键指标

指标	数据	单位或比例等
城区面积	419.84	万 m^2
除工业用地外的路网密度	12.00	km/m^2
公共开放空间服务范围覆盖比例	100.00	%
绿地率	40.00	%
节约型绿地建设率	100.00	%
噪声达标区覆盖率	100.00	%
二星及以上绿色建筑比例	100.00	%
装配式建筑面积比例	100.00	%
可再生能源利用总量占一次能源消耗总量比例	1.03	%
设计能耗降低10%的新建建筑面积比例	61.71	%
绿色交通出行率	79.50	%
单位地区生产总值能耗降低率	1.00	%
单位地区生产总值水耗降低率	1.00	%
第三产业增加值比重	100.00	%
每千名老人床位数	≥30	张
绿色校园认证比例	100.00	%

2.8.4　主要技术措施

上海桃浦智创城规划对标国际一流城市中心城区标准、上海2035城市总体规划，对照市《加快推进桃浦地区转型发展行动计划》要求，统筹生产、生活、生态三大布局，融入绿色低碳生态、城市设计人性化、产城深度融合等理

146

念，体现了"小尺度、高密度、人性化、高贴线率"的设计要求，确定了"一核、一带、两轴、多片"的功能结构。形成以总部商务、科技研发、生态绿地为核心功能，含居住、服务、休闲等配套功能的综合型城区。

1. 土地利用

融入产城融合、空间复合共享等理念，核心区、街区中心广场及慢行路线以多层次深度功能复合为主，活力核心、节点、网络共同形成连续活力界面，水平用地混合和垂直建筑功能混合，鼓励小地块开发，便于地块深度复合、有机更新。混合用地比例达到97.09%，如图2-8-2。此外，规划区的建筑强调多功能垂直整合，大力提高土地使用效率和单位土地产出效益，如图2-8-3。

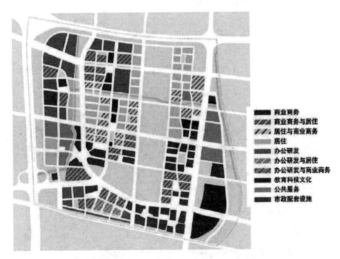

图例：
- 商业商务
- 商业商务与居住
- 居住与商业商务
- 居住
- 办公研发
- 办公研发与居住
- 办公研发与商业商务
- 教育科技文化
- 公共服务
- 市政配套设施

图 2-8-2　功能布局与混合示意

以 TOD 开发为骨架，通过功能复合、地下空间开发、空间共享、社区包容、居住混合等策略，提供多元化的服务来满足不同年龄、不同工作、不同阶层的人们在每天各种时段的不同工作、生活、休闲的需求，建构 24 h 黄金生活圈，打造从白天到黑夜精彩不间断的城区生活（图2-8-4和图2-8-5）。

综合利用地下空间。轨道交通站点周边地下空间复合高效开发。中央绿地地下空间适度开发，主要布局在与轨道交通站点相连接的南部区域，安排商业、文化功能，增强绿地活力。其他片区地下空间分片统筹，整街坊建设，停车泊位高效共享。（图2-8-6、图2-8-7和图2-8-8）。

针对各阶层人群的差异化需求，提供多样化住宅类型，形成复合的居住人群结构，促进混合居住、社会融合。重点提供面向地区工作者的住宅，均衡各类型布局，平衡昼夜活动，保障地区全时段的活力。规划新增住房中保障性住房面积比例达40%，且保障性住房中小套型住房供应比例100%；新增市场化

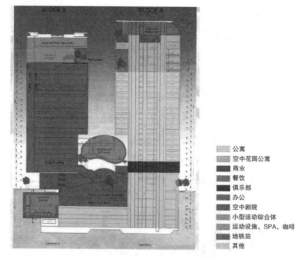

公寓
空中花园公寓
商业
餐饮
俱乐部
办公
空中剧院
小型运动综合体
运动设施、SPA、咖啡
地铁站
其他

图2-8-3　建筑功能复合与空间共享

图2-8-4　智创TOP产城综合体

图2-8-5　桃浦TOP智创城

148

图 2-8-6　地下空间规划结构

图 2-8-7　上海安生学校

图 2-8-8　上海桃浦智创城 605 地块一期及地下部分

149

住房中租赁住房供应套数比例达到 65%。

2. 生态环境

（1）生态修复

上海桃浦智创城于 2013 年开展桃浦工业区土壤污染初步调查，调查显示：场地内存在不同程度的污染，污染物主要有无机物、重金属、半挥发性有机物和挥发性有机物。规划区土壤修复工程量，污染土壤 122.8 万 m^3，污染地下水 54.4 万 m^3。针对桃浦土壤修复共提出 4 条修复意见：一是将受污染的表土和其他污染严重的有毒物质完全移除，用新运来的土壤恢复植被，而深层土壤和其他污染程度较轻的土壤，通过其他方法处理。二是深埋有害物质和污染物，在上面覆盖清洁的表土，然后种植植被。三是自然恢复，在一些游人活动很少的区域，适当保存轻微的污染物，允许其通过自然进程缓慢地恢复。四是采用生物疗法处理污染土壤，增加土壤的腐殖质，促进微生物的活动，种植能吸收有毒物质的植被，使土壤状况逐步改善（表 2-8-2 和图 2-8-9 和图 2-8-10）。

表 2-8-2　以桃浦 607—620A 标段土壤修复工程为例

项目信息	607 地块地下水	607 地块土壤
污染类型	挥发性有机物、半挥发性有机物、总石油烃	重金属、挥发性有机物、半挥发性有机物
污染深度	6 m	1~6 m
污染方量	20 198 m^3	31 908 m^3
修复处理工艺	607 地块地下水采用混凝沉淀 + 吹脱 + 活性炭吸附 + 辅以高级氧化修复工艺流程	607 地块土壤采用土壤常温解吸 + 热强化气相抽提 + 辅以高级氧化修复工艺流程

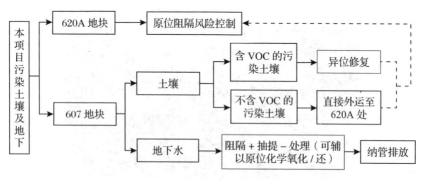

图 2-8-9　607 地块土壤修复

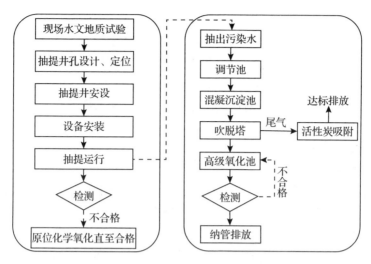

图 2-8-10　607 地块地下水治理

上海桃浦智创城率先进行综合治理试点，开展实地调查、监测识别、风险评估，并按照"一地块一方案"的策略进行修复，创下了多个"第一"。其中"场地环境保护工作流程"已成为全市土壤污染治理标杆。截至目前，已治理土壤 67 万 m^3、地下水 20 万 m^3。

（2）花园生境营造

遵循保留绿化空间和中央公园景观规划（图 2-8-11），对其他城区公园和街区公园进行主题策划，提升城区居民、游客的景观体验，共打造 10 个不同

图 2-8-11　上海桃浦中央绿地

的主题公园，构建"一园一品"的公园体系：公园主题策划遗址文化公园、生态休闲健身公园、植物岸线公园、湿地公园、城市水广场、艺术公园、工业景观创意公园、创智公园、都市农园和体育公园。构建展示桃浦智慧科技城各种生态技术的绿色生态展示线路，全程约 3 km，沿途展示智创城运用的多种绿色生态理念和技术，可用于对居民游客的绿色生态宣传教育，也是智创城绿色生态建设成效对外宣传的窗口。

（3）海绵城市

上海桃浦智创城规划年径流总量控制率目标为 80%，对应的径流削减量为 26.7 mm。规划居住小区、公共建筑、绿地、道路和广场均采用低影响开发技术。《上海桃浦智创城海绵城市建设实施方案》为上海市首个通过规划评审的海绵城市专项规划。上海桃浦智创城海绵城市系统构建充分发挥绿地系统"渗、滞、蓄"的功能，基于规划公共绿地率高，从而达到雨水源头"净"的目标，为雨水"用"创造良好条件，减少雨水的直接外排量，最终提高城市雨水系统"排"的标准（图 2-8-12）。

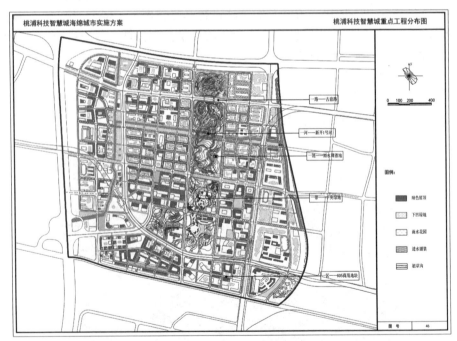

图 2-8-12　低影响实施方案总图

3. 绿色建筑

上海桃浦智创城内的新建建筑全面执行二星级及以上绿色建筑评价标准，其中，邻近中央公园的部分住宅和商务办公地块执行三星级绿色建筑标准，三星级绿色建筑面积约为 60.16 万 m²，约占绿色建筑面积的 14.7%。上海桃浦智创城规划以高水平、高标准建设 LEED、WELL、DGNB 等项目，与国际绿色建筑发展接轨。

目前，智创城总建筑面积为 447 万 m²，其中商办面积约 207 万 m²，科研面积约 78 万 m²，商品住宅面积约 107 万 m²，租赁住宅面积约 10 万 m²，公共服务及配套面积约 45 万 m²。截至目前，总计出让建筑面积约 126 万 m²（不含保留建筑），其中商办地块约 77 万 m²，住宅地块约 30.0 万 m²，科研地块约 1.2 万 m²，租赁住宅约 9.1 万 m²，公共服务及配套地块约 8.7 万 m²；保留建筑面积约 39.4 万 m²。

上海托马斯实验学校（图 2-8-13 和图 2-8-14）基地位于规划区东部，总用地面积约 49 502 m²。地块北侧和西侧紧邻城市次干道武威东路和祁连山路，

图 2-8-13   上海托马斯实验学校西侧鸟瞰

图 2-8-14   上海托马斯实验学校北区综合教学楼与宿舍楼

东侧和南侧为城市支路，中部被桃清路穿越分为北大南小两个地块，设计总建筑面积约 72 149 m²。建筑结构主要是预制装配混凝土框架结构、剪力墙结构，预制装配率 42%。学校按照绿色建筑二星级进行规划设计，绿地率达 31.9%，屋顶绿化面积达 3 880 m²，并进行下凹式绿地、透水铺装、全装修等技术的利用；因地块跨越道路，设计地下通道与地上廊桥进行立体连接，并考虑家长接送小孩的停车需求。

4. 资源与碳排放

（1）可再生能源利用

依托区域内规划的中央绿地的光伏步行连廊和科研办公集中光伏屋顶，打造零碳游客中心、18-02、29-01、31-01 3 个地块为低能耗办公建筑示范，此外，33-01 参照《被动式超低能耗绿色建筑技术导则（试行）》开展超低能耗住宅示范。

桃浦科技智慧城基于开源节流、集约利用的原则，合理布局可再生能源系统和区域能源系统并对建筑和市政设施提出高标准节能要求。有稳定热水需求的居住建筑和医院充分利用太阳能热水系统；北面和南面科技研发用地规划光伏屋顶，规模化利用太阳能光电系统（图 2-8-15）。

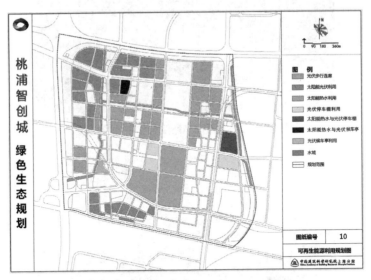

图 2-8-15　上海桃浦智创城海绵城市总体建设框架

上海桃浦智创城一期项目充分利用蓄冷系统，利用夜间谷电进行低成本能源转换，有效降低能源运行成本；同时降低机组配置容量，减少投资；以天然气溴化锂冷热机组作为辅助冷源，多种能源综合利用，提高供能系统的可靠性。同时，直燃式溴化锂冷热水机组一机两用，节约建筑面积和空间。预留燃气冷热电三联供系统，减小能源中心配电容量，无须建设 35KV 发电站，减少变配电投资，并提高整体的能源利用率。以清洁能源天然气作为一次能源，减少对环境的污染（图 2-8-16）。

图 2-8-16　上海桃浦智创城海绵城市规划分区图

规划建设 4 个能源站，其中 1#（003-05 地块）和 4#（80-06 地块）为分布式热电联产系统，南区的 2#（110-01）地块和 3#（108-03 地块）为常规的集中式供能系统（离心机组＋水蓄冷）。

（2）水资源利用

根据上海桃浦智创城结构划分、功能特点、市政基础设施规划、绿化率、建设开发密度等情况进行分析，将整个桃浦智慧城分为三大一级分区、11 个二级片区和 17 个三级分区（图 2-8-17）。根据相关监测结果，桃浦创智城海绵城市设施的年径流污染控制率可达 40%，通过自然积存、自然渗透、自然净化，显著削减了面源污染，有效提高水质环境质量。另外，海绵城市建设还能促进雨水下渗，有效涵养地下水，缓解地面下沉。

结合建设进度和海绵城市实施条件，采取"分期实施、区域辐射、示范带动"策略，分阶段、分区域、分类型开展海绵城市工程的建设，逐步推动上海桃浦智创城海绵城市建设工作。近期的打造重点是"一区、一带、一路、一池、一河、一廊"6 大海绵城市建设工程（表 2-8-3）。

（3）碳排放

上海桃浦智创城的碳排放来源包括建筑、交通、水资源和固体废物，而景观可形成一定的碳汇量，近期和远期碳排放计算情况分别见表 2-8-4 和表 2-8-5。

155

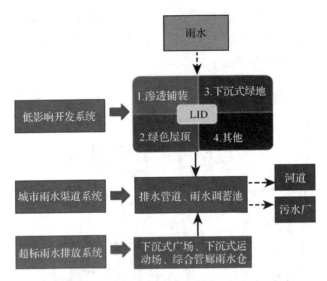

图 2-8-17 上海桃浦智创城海绵城市总体建设框架

表 2-8-3 上海桃浦智创城海绵城市近期工程一览表

工程	名称	占地（服务）面积/（hm²）	年径流控制率/（%）	设计降雨量/mm
一路	古浪路	5.88	80	26.7
一河	新开 1 号河	4.07	85	33.0
一池	雨水调蓄池	350	67	17.1
一带	桃浦绿地	49.67	85	33.0
一区	南李苑小区	5.88	85	30.1

表 2-8-4 上海桃浦智创城碳排放量核算

碳排放类型	每年碳排放量 ×10⁴t	
	近期	远期
建筑	12.05	28.68
交通	5.54	11.99
水处理	0.17	0.47
垃圾	0.71	1.89
小计	18.47	43.03
景观碳汇	1.33	2.3
合计	17.14	40.73

表 2-8-5 上海桃浦智创城碳排放指标计算

分期	近期	远期
每年碳排放 / × 10⁴t	17.14	40.73
规划面积 / 公顷	194.5	420
人口 / 万人	3	6.49
每年单位地域面积碳排放 /kg	88.12	96.98
每年单位人口碳排放 /t	5.71	6.28

近期：每年总排放量 17.14 万 t，每年单位地域面积碳排放 88.12 kg，每年单位人均碳排放量为 5.71 t。

远期：每年总排放量为 40.73 万 t，每年单位地域面积碳排放 96.98 kg，每年单位人均碳排放量为 6.28 t。

根据上海市人民政府关于印发《上海市节能和应对气候变化"十三五"规划》的通知，2020 年能源消费总量控制在 1.235 7 亿 t 标准煤以内，CO_2 排放总量控制在 2.5 亿 t 以内。根据上海市 2017 年统计数据，上海市总人口为 2 418 万人，则每年人均 CO_2 排放量为 10.34 t。桃浦科技智创城近期每年人均碳排放量为 5.71 t，比市人均碳排放量降低 44.78%。

5. 绿色交通

（1）公共交通

上海桃浦智创城现有轨道 11 号线经过，有 2 个轨道站点（武威路站和祁连山路站）在范围内布局，后续规划轨道 22 号线穿过项目，设置有 2 个站点（常和路站和祁连山路站）；其次，规划布局 3 条公交骨干走廊、14 条常规公交线路和 2 条社区巴士线路（图 2-8-18），可实现公交站点 500 m 100% 覆盖城区（图 2-8-19）。为引导公共出行，规划在武威路站和祁连山路站站点附近分别配置出租车服务点和新能源汽车租赁服务网点。

（2）慢行系统

上海桃浦智创城规划在武威路、古浪路、敦煌路、祁连山路等设置路侧自行车道（图 2-8-20），且各道路路侧均设置有步行道，同时要求步行道绿化应考虑出行的舒适度，规划形成连续的林荫道，且林荫路绿化覆盖率已达 90%；其次，为满足城区居民绿色出行需求，规划进一步结合上海桃浦智创城内绿地系统和水网系统，规划沿李家浜、新开一河、新开二河设置易行、易闲的滨河绿道系统（含步行专用道和自行车专用道），与城区的中央公园形成一体的休闲慢行空间。

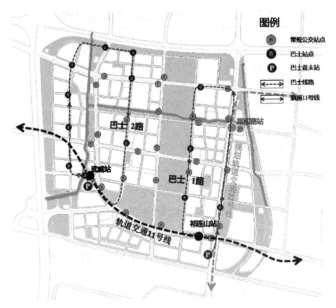

图 2-8-18　社区巴士线路及站点布局图

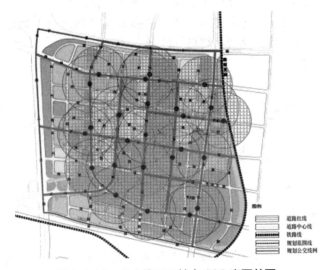

图 2-8-19　公交线网及站点 300 米覆盖图

（3）静态交通

规划结合轨道站点武威路站和祁连山路站设置 P+R 停车场（图 2-8-21）；计算在整个上海桃浦智创城建筑项目内设置约 33 650 个停车位，并布局 10 处公共停车场包含 1 070 个机动车停车位和 950 个非机动车停车位。综合各类交通体系的规划建设，上海桃浦智创城绿色交通出行率可达到 79.5%。

图 2-8-20　自行车专用道及设施点布局

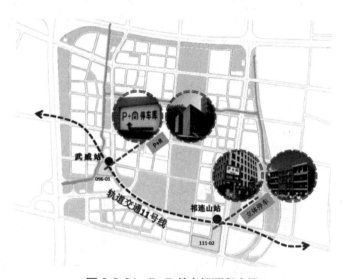

图 2-8-21　P+R 停车场预留空间

6. 信息化管理

上海桃浦智创城智慧城市一期建设主要内容是"一个平台，四项管理，多项接入"，在总控中心建设的基础上搭建"智慧城市综合管理平台"，并引入人工智能、大数据、第 5 代移动通信（5G）等新技术，以 5G 为关键驱动力，开发"5G+ 智能化道路管理""5G+ 智能化河道管理""5G+ 智能化工地管理""园区运营管理" 4 个子系统，同时预留与现有系统的接口，包括绿地管理系统、托马斯实验学校信息化系统、已出让地块信息化智能平台等系统，以便实现数据的共享与统一管理，并与外界系统互通互联。

运用各类信息技术参与城市管理，可以使城市运行更加高效，上海桃浦智创城规划建设城市管理、智慧市政和智慧民生等方面信息化管理系统，城市管理建立智慧城区运营中心、智慧能源管理系统、智慧公共安全系统、智慧环卫管理系统、绿色建筑建设信息管理系统。智慧市政方面，建立智慧交通管理系统、智慧水务管理系统、智慧地下管网管理系统、智慧园林绿地管理系统、智慧环境监测系统、道路景观照明控制。智慧民生方面，建立智慧社区、智慧停车、绿色生态信息发布平台、完善通信服务设施。

7. 产业与经济

（1）产业和商业布局

未来上海桃浦智创城产业及商业的核心定位为"国际智创新城、摩登乐活都心"：产业方面，立足沪西北、打造辐射长三角的科创策源地；商业方面，面向多层次消费群体，建设沪上智慧未来乐活新都心。

产业方面，未来将重点打造"3×3"产业生态体系，即聚焦三大产业领域——"智慧""智造""健康"，重点发展3大产业方向分别是科技创新、创新商务以及创智消费。通过引入创新特色载体，以"中以（上海）创新港"为首发项目，服务国家创新驱动发展战略和上海科创中心建设大局，逐步形成东有"张江科学城"，西有"桃浦国际创新城"的创新发展新格局（图2-8-22和图2-8-23）。

商业方面，未来将以"智慧""未来""宜居""乐活"为定位，为消费者打造"便捷商务、科技娱乐、品质生活"3大消费圈，同时配套"商务办公、商务配套"两大商务业态群（图2-8-24）。

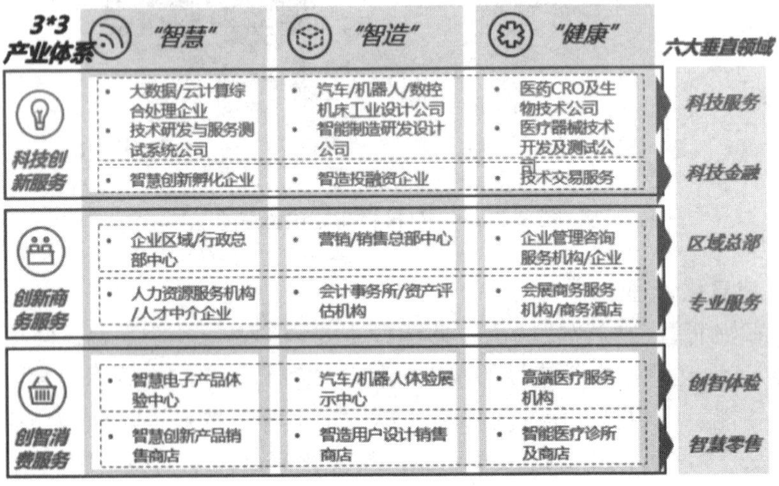

图 2-8-22　产业体系示意图

图 2-8-23　中以（上海）创新园现场照片

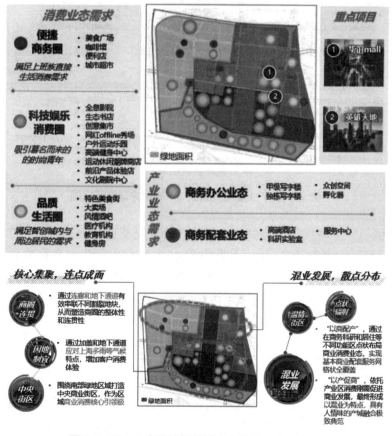

图 2-8-24　上海桃浦智创城商业落位理念示意图

（2）产业低碳发展

规划要求上海桃浦智创城项目较上海市相对基准年（2017年）的年均进一步降低率达到1%，则年降低率为4.66%，因此上海桃浦智创城2020年单位生产总值能耗为0.498 1 tce/万元。规划2020年单位生产总值水耗为8.38 m³/万元。建议上海桃浦智创城分3个阶段开发建设，前期（2019—2023年）重点围绕产业需求进行开发，至2023年实现50%产业用地开发及20%商业用地开发。中期（2024—2028年）重点打造商业消费板块，至2028年累计实现80%产业用地开发及80%的商业用地开发。后期（2029—2033年）逐步完善区域居住环境，至2033年实现产业及商业用地100%开发（图2-8-25）。

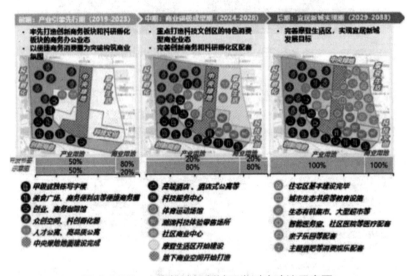

图2-8-25 上海桃浦智创城开发时序建议示意图

经测算，上海桃浦智创城未来按照3个开发节奏进行招商，预计在产业引擎先行期（2019—2023年）实现约81亿元的税收产出；在商业磁极成型期（2024—2028年）实现约188亿元的税收产出；最终在宜居新城实现期（2029—2033年）实现约235亿元的税收产出。平均税收贡献率超过6 300元/m²，基本达到浦江两岸水平（图2-8-26）。

8. 人文

（1）以人为本

上海桃浦智创城武威街区（核心区）规划租赁型住宅（人才公寓）与普通商品住宅进行混合，租赁型住宅采用合租式公寓（人均居住面积30 m²）与酒店式公寓（人均面积45 m²）两种类型，面向青年和短期居住者。普通商品住宅考虑小、中、大户型，满足不同购房层次需求。

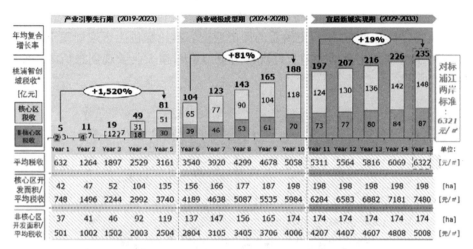

	产业引擎先行期（2019-2023）	商业磁极成型期（2024-2028）	宜居新城实现期（2029-2033）

图 2-8-26　上海桃浦智创城未来税收测算示意图

（2）绿色生态展示中心

结合绿色生态规划成果，引导公众在规划区绿色生态展示中心，学习、了解各类绿色生态理念。开展各类绿色生活宣传活动，从节能、节水、绿色出行、垃圾分类等方面引导家庭低碳、健康生活（图2-8-27）。

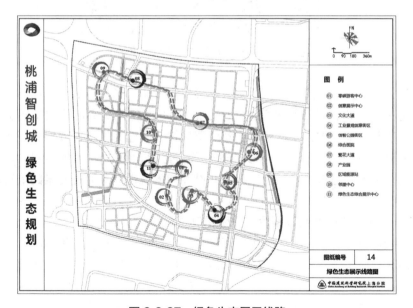

图 2-8-27　绿色生态展示线路

（3）历史文化

作为有近50年历史的老工业区，规划区内不仅拥有区级文保单位—韩塔园；还有英雄金笔厂、上海橡胶厂、染化八厂等建国初始的老牌工厂，诸多厂房建筑均是具有近50年历史风貌的历史遗产。本轮绿色生态规划基于以上原则规划了南宋文化遗址公园、近现代历史博览园和工业景观创意街区，如图2-8-28所示。

图2-8-28　待保护历史建筑与街区示意

南宋文化遗址公园主要采用历史遗迹保留策略，通过对绿杨桥、韩塔等南宋遗址进行保护，打造街区公园（图2-8-29）。近现代历史博览园是历史建筑活化改造并示范，结合毛主席像以及保留建筑，改建为展示民族橡胶工业发展史的专题博物馆，成为开放、多元的公共文化活动新载体（图2-8-30）。工业景观创意街区则是将工业元素融入空间设计和景观设计，通过元素的重复强化工业文明印记（图2-8-31）。

9. 绿色生态城区全过程管控保障机制

结合建设与管控经验，解决生态城区建设过程中存在的多种问题，保障上海桃浦智创城生态规划措施能够切实落地，推出绿色生态城区建设运营全过程管控保障机制（图2-8-32）。本项目规划了一套绿色生态指标体系，为确保指标落地，因此每个指标都与相关部门进行了沟通，确定了牵头部门、配合部门、落实环节等绿色生态措施，可有效保障城区建设。同时对规划地块编制了地块绿色生态环境保护实施表，后续地块出让可结合实施表提出出让条件，确保规划方案切实落地。

图 2-8-29　南宋文化遗址公园景观策划

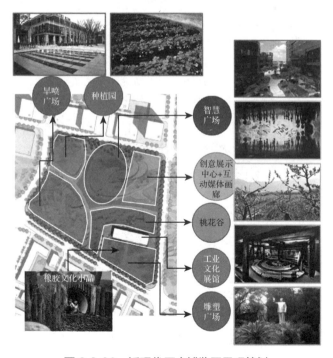

图 2-8-30　近现代历史博览园景观策划

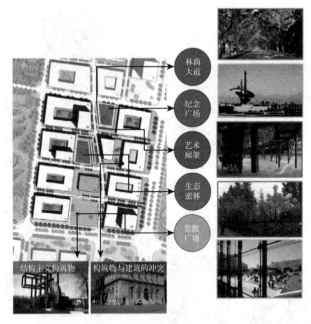

图 2-8-31　工业景观创意街区景观策划

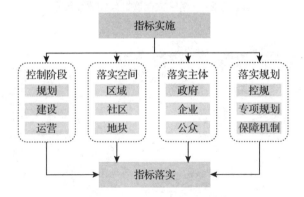

图 2-8-32　绿色生态指标实施路径

2.8.5　低碳发展效益

提升环境品质，提高生产生活档次。通过绿色生态建设，营造优美的生态环境，提供便捷的交通和服务，创造宜居、宜业的生产和生活空间，提高百姓的生活品质，提升土地单位面积价值。位于上海桃浦智创城门户位置的智创TOP 产城综合体总规划建筑面积近 114 万 m^2，其首发项目 A 区 2022 年交付，就已集聚了多家税收千万级的总部型企业；现已建成的约 32 万 m^2 载体中，已有近 300 家注册企业，超过 47 亿元的注册资金齐齐汇集向这里。

树立绿色生态名片，为城市绿色发展树立标杆。上海老工业重镇桃浦地区，昔日尘土飞扬、道路泥泞的旧景已看不到，"绿"为基底，"绿"为主调，通过绿色生态城区建设，树立绿色生态名片，为城区发展赋予新内涵，对上海市绿色城区建设起到示范作用。全面执行高标准绿色建筑，其中二星级建筑面积约为 335.69 万 m^2，约占绿色建筑面积的 82.01%；三星级建筑面积约为 73.62 万 m^2，约占绿色建筑面积的 17.99%。桃浦中央绿地环境较好的居住建筑和绿色建筑三星级项目进行健康建筑申报，并达金级标准要求，健康建筑面积约为 840 458 m^2，占 20.53%。已建成上海中心城区最大的"城市绿洲"——桃浦中央绿地承载着区域转型的"绿肺"功能，桃浦中央绿地总面积达 1 km^2，呈"丁"字形分布，由一系列人行道、林荫道、广场、桥梁、观景道组成，为人们提供多种穿行体验，还绿于民。

规范和简化绿色生态建设流程。绿色生态城区工作内容，明确了绿色生态工作目标、工作内容、工作流程和运营监管机制，为绿色生态城区相关参与机构包括规划、设计、施工、政府、公众提供了技术和管理支撑，规范了绿色生态城区的建设，保障了绿色生态城区建设的质量，并将相关绿色生态指标纳入控规中，作为土地出让条件，简化了相关的工作流程。

2.8.6　获得荣誉与奖项

（1）"2019 年度上海市既有建筑绿色更新改造评定"铂金奖

智创 top B 区首发智能楼宇（上海英雄金笔厂改造项目）获得"2019 年度上海市既有建筑绿色更新改造评定"奖项最高殊荣——铂金奖（图 2-8-33 和图 2-8-34）。

图 2-8-33　颁奖现场　　　　　　　图 2-8-34　获奖证书

奖项介绍：为加强绿色城市的示范引领作用，上海市持续完善绿色建筑鼓励政策，以高标准要求严格技术评定规范，遴选标杆级优质绿色建筑，鼓励更多先行先试的范本涌现。其中，市绿色建筑协会于 2016 年启动"既有建筑绿色更新改造评定工作"，对建筑的绿色更新改造过程中采用、推广效果明显的重点技术进行综合评定，并授予铂金奖、金奖和银奖奖项。作为 2019 年度的最高奖项得主，智创 top 正在展示稀有的产城空间价值（图 2-8-35）。

图 2-8-35 改造后实景图

（2）2019 年度上海市优秀城乡规划设计奖一等奖

"桃浦科技智慧城中央绿地（北三块）景观设计"项目荣获 2019 年度上海市优秀城乡规划设计奖一等奖（图 2-8-36）。本项目在景观设计和实施过程中强调 4 个坚持，即坚持以中央绿地为切入的生态修复建设和城市功能转型发展；坚持现代景观设计手法与传统文化内在的演绎、融汇和提升；坚持以人为核心的空间体验建构与人文场地营造的紧密融合；坚持技术创新引领，积极探索现代科技与工艺的创新实践与艺术化的综合运用。

图 2-8-36 桃浦科技智慧城中央绿地（北三块）建成实景

奖项介绍："2019 年度上海市优秀城乡规划设计奖"评选活动在上海市规划和自然资源局的指导下举办，本届评选活动共收到全市 69 家规划设计以及勘测、信息单位报送的 367 项参评项目，经组织专家集中评审、组委会审议审核、并最终审定，评出特等奖 1 项、一等奖 22 项、二等奖 50 项、三等奖 77

项、表扬奖 24 项。

（3）美国景观设计师协会（ASLA）综合设计类荣誉奖

2020 年，桃浦中央绿地项目景观设计获得美国景观设计师协会（ASLA）荣获综合设计类荣誉奖。本项目采用行云流水的动态架构，形成山谷意向，以活泼灵动的构图创造出一个优雅独特的绿地，塑造符合上海桃浦智创城，乃至上海城市发展需求的"新自然"景观（图 2-8-37、图 2-8-38 和图 2-8-39）。

奖项介绍：2020 年度 ASLA 奖项设置分为 7 个类别，包括综合设计类、住宅设计类、城市设计类、分析与规划类、交流类、研究类以及地标奖。中国共有 5 个项目获得 ASLA 荣誉奖，桃浦中央绿地为其中一个项目。

图 2-8-37　桃浦中央绿地项目建成实景

图 2-8-38　设计平面图

图 2-8-39　获奖证书

2.9　衢州市龙游县城东新区核心区

2.9.1　项目亮点

本项目为国家首个县级绿色生态城区，项目西侧是灵山江、北侧是衢江，南侧是东华山生态修复区，拥有得天独厚的自然水体资源和生态资源。项目利用山盘水踞的环境优势，结合城区开敞空间构建了三级通风廊道；通过沿江绿化带、中轴线绿化带和干道绿化形成了串联的网状绿化体系；围绕"涵养山水，水源永续"的海绵城市建设目标，实现雨水管理的生态化、可持续化发展；新区内单位生产总值碳排放量、人均碳排放量和单位地域面积碳排放量这3个指标均达到所在地和城区的减碳目标。

专家点评：项目通过科学、合理的方法制定区域绿色交通建设方案，有效控制区域绿色交通出行量，促进区域交通快速、高效、持续发展；围绕"涵养山水，水源永续"的海绵城市建设目标，实现城市雨水管理的生态化、可持续化发展，城区规划供水管管网漏损率小于8%，年径流总量控制率目标预计可达73%；城区产业布局以中央生态廊道为核心，营造生态宜居、现代服务集聚，集行政办公、商业商务、生态休闲、旅游服务、居住生活、配套服务为一体的综合城市片区，职住平衡比较适宜。

2.9.2　项目简介

　　龙游县城东新区核心区位于龙游县城区东侧，地处亚热带季风气候区，年平均气温 17.1℃，年均相对湿度 79%，年平均降雨量 1 602.6 mm，全年日照数为 1 761.9 h。规划区水系贯通、植被丰茂、地势平缓，总建设用地规模 4.06 km²。项目由衢州市龙游县委县政府、衢州市龙游县自然资源和规划局、衢州市龙游县住建局共同出资建设，由浙江建院建筑规划设计院设计，由浙江大学建筑工程学院绿色建筑与低碳城市建设研究中心完成规划咨询工作。规划区核心区域规划为公共服务中心，布局行政服务中心、综合信息指挥中心、图书馆、档案馆、文化艺术活动中心、商业综合体等，形成整个城东片区的公共、商业服务核心和景观核心；规划区西侧重要发展点以龙游金融中心为主，东侧重要发展点以东部荣昌东路两侧商业中心为主；同时布局四区，形成了中部公共服务区、西部城市更新区、东部城市发展区、北部滨江旅游区。整体呈现出"一心两点、四区互动、十字主轴、水绿环城"的规划结构，项目区位图如图 2-9-1 所示。2020 年 6 月依据《绿色生态城区评价标准》（GB/T 51255）获得了国家绿色生态城区规划设计阶段二星级认证，项目效果图如图 2-9-2 所示。

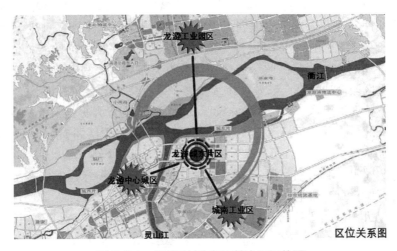

图 2-9-1　龙游县城东新区核心区区位图

　　项目进度： 目前，城东新区核心区内荣昌东路、学士路、永安路等主要道路已建成并投入使用，预计在 2023 年 12 月将完成 70% 以上道路和市政管线的建设。市民生态休闲公园、华岗中学、龙游二高等城市绿地与学校已建成并投入使用，中央生态廊道（公共文化服务中心）、健康产业中心地块、金融中

图 2-9-2　龙游县城东新区核心区效果图

心等地块正在建设，预计 2023 年 12 月完成建设并投入使用。其他慢行系统、节约型绿地、海绵城市、信息化系统等均在建设当中。

2.9.3　关键技术指标

龙游城东新城核心区坚持"高水平规划、高品质实施"的原则，聚焦绿色生态规划理念的落地，统筹"城市更新、产城融合、海绵城市、智慧城市"等新技术应用，提升绿色生态规划与设计品质。城区绿地率达 38.13%，节能型绿地建设率达 82.90%。同时城区为落实"绿色生态城区"的发展目标，通过科学、合理的方法制定区域绿色交通建设方案，有效控制区域绿色交通出行量，促进区域交通快速、高效、持续发展，绿色交通出行率达 76%。近年来，在围绕龙游县"涵养山水，水源永续"的海绵城市建设目标指引下，实现城市雨水管理的生态化、可持续化发展，城区规划供水管管网漏损率小于 8%，年径流总量控制率目标预计可达 73%；雨水资源化利用率达 5%。

与此同时，城区切实履行双碳发展目标，实现低碳绿色发展，至规划末年，可再生能源利用总量占一次能源消耗总量比例将达 3.58%，其中可再生能源利用以太阳能为主，每年减排 CO_2 约 1.81×10^4 t，设计能耗降低 10% 的新建建筑面积比例达 52.55%，二星及以上绿色建筑比例达 10%。

在此基础上，城区依托龙游城区，打造"引水入城、跨越发展、创智山水"等的城市新区，在提高片区第三产业经济比重、产业结构优化完善、能耗控制、低碳发展、职住平衡格局等基础上，对社会经济发展的贡献将进一步加强，至规划末年，职住平衡比将达 0.98，第三产业增加值占地区生产总值的比重可达 70%；万元生产总值能耗降低率目标值在龙游县每年 4.8% 下降指标基础上，还可按每年 2% 同步下降，即每年下降 6.8%，万元生产总值总用水量在衢州市下降 4% 基础上可进一步下降 1%。

相关指标参见表 2-9-1。

表 2-9-1　龙游县城东新区核心区项目关键指标

指标	数据	单位或比例等
城区面积	4.06	km²
公共开放空间服务范围覆盖比例	82.93	%
绿地率	38.13	%
节能型绿地建设率	83.90	%
噪声达标区覆盖率	100.00	%
二星及以上绿色建筑比例	10.00	%
可再生能源利用总量占一次能源消耗总量比例	3.58	%
设计能耗降低 10% 的新建建筑面积比例	52.55	%
绿地交通出行率	76.00	%
单位地区生产总值能耗降低率	2.10	%
单位地区生产总值水耗降低率	1.00	%
第三产业增加值比重	100.00	%
每千名老人床位数	45.29	张

2.9.4　主要技术措施

龙游县城东新区核心区基于山盘水踞的环境优势、旧城新扩的发展契机及源远流长的历史文化底蕴，以"文化古都、产业新域、山水龙游"为发展目标，打造"产城融合、环境健康、交通便捷、资源节约、建筑绿色、服务共享、智慧互动、人文体验"的浙江中西部绿色活力新城。

1. 土地利用

龙游县城东新区核心区内地块包含了居住用地、商住用地、商业服务业设施用地、公共管理与公共服务设施用地、绿地与广场用地、道路与交通设施用地等。混合用地单元的面积之和占城区总建设用地面积的比例达 100%，如图 2-9-3 所示。城区设有轨道交通及公共交通站点 10 个（包括公共换乘点、公交首末站以及公交保养场）。在轨道交通站点及公共交通站点周边 500 m 范围内采取混合开发的站点数量占总交通站点数量的比例为 100%，如图 2-9-4 所示。

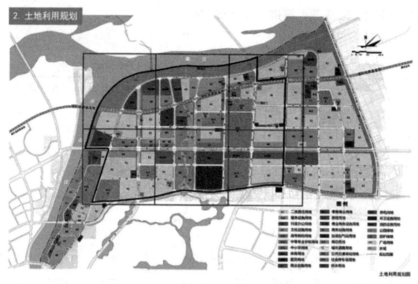

图 2-9-3　城区混合用地单元网格划分图

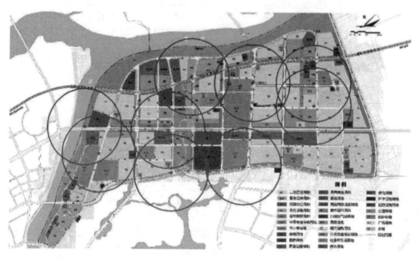

图 2-9-4　城区混合开发站点规划图

　　根据气象数据统计，片区所在的龙游县近 10 年平均风速 1.8 m/s，2018 年年平均风速 1.6 m/s；全年以从东北部吹向城区的东北风为主。片区西侧是灵山江、北侧是衢江，拥有得天独厚的自然水体资源；南侧是东华山生态修复区，可为片区提供充足的山谷风资源，具备了山水相融、城景合一的自然景观体系，将作为重要的绿源（补偿区域）及局地空气交换区，为片区内部和外围通风廊道的建立奠定了自然基础。根据建筑密度、高度和迎风面系数信息，城区规划了 1 条主级通风廊道（宽 78 m）、2 条次级通风廊道（宽分别为 80 m、331 m）、2 条局地通风廊道（宽 70 m）。主通风廊道构成元素包括主干道、水系、集中绿地等开敞空间，布置路径尽可能与夏季主导风向平行，以保障通风廊道的构建对主导风向的控制引导能力，城区通风廊道布局图如图 2-9-5 所示。

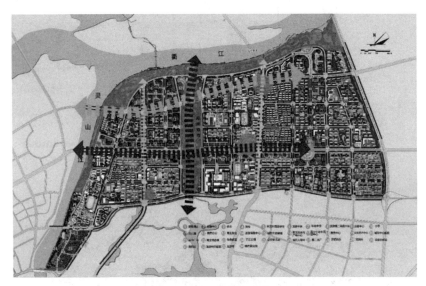

图 2-9-5　城区通风廊道布局图

本规划区内绿地总面积为 1.55 km²，占总用地面积的比例为 38.13%。本着确保城市生态空间，建设绿色廊道，以点带面，多种绿化方式相结合的原则布局绿化用地（图 2-9-6），规划由滨江绿化、灵山江绿化、中轴线两岸绿化、干道两侧绿化带形成绿化通廊和绿化网络框架，并向各个功能区块内部渗透，形成串联的网状绿化体系，建设多条环境宜人、景观良好的林荫步道，使居民可以便捷、舒适地到达公共设施中心和集中绿地，多处公园和社区游园等形成内部的开放空间。另外，分别在居住密集地段设置街头绿地和小游园，方便居民使用。

2. 生态环境

城东新区位于龙游老城区东侧，用地归属于东华街道，片区西侧是灵山江、北侧是衢江，拥有得天独厚的自然水体资源；南侧是东华山生态修复区，具备了山水相融，城景合一的自然生态景观体系，城市设计整体布局如图 2-9-7 所示。

城区严格执行"海绵城市建设系统方案"要求，公园绿地中铺装全部采用透水铺装且用喷灌方式进行绿化浇灌，共建设节约型绿地 0.50 km²；年径流总

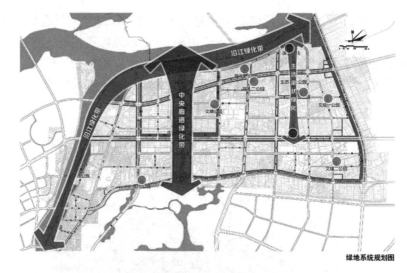

图 2-9-6　城区绿地系统规划图

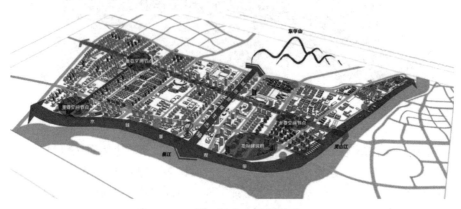

图 2-9-7　城区城市设计整体布局图

量控制率目标设置为 73%；屋顶绿化率要求不低于 40%。

　　2014 年，衢州被水利部列入全国第二批水生态文明城市建设试点，规划区以水为切入点，建设生态水文明城市，促进绿色发展。城区内地表景观水体通过生态驳岸建设、SS 污染物控制、雨水的调蓄净化等措施（图 2-9-8），可达到Ⅲ类地表水标准要求。

　　城区规划范围内布置包括中央廊道绿化带、公园等开敞空间辅助调节温度，总体绿地率达 38.13%，城区热岛强度为 0.3℃，城区热岛模拟热环境云图如图 2-9-9 所示。

3. 绿色建筑

　　龙游县城东新区核心区依据《浙江省绿色建筑条例》《龙游县绿色建筑专

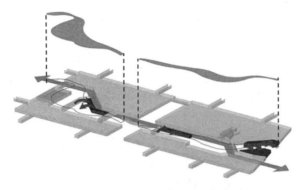

图 2-9-8　城区设置地下箱涵调蓄雨水

图 2-9-9　城区热环境云图

项规划（2017—2025）》以及衢州市相关政策及法律法规，结合龙游县实际情况，确定绿色建筑规划区域总体星级目标，到 2020 年，实现全县城镇地区新建建筑一星级绿色建筑全覆盖，二星级以上绿色建筑占比 10% 以上。其中国家机关办公建筑和政府投资或者以政府投资为主的其他公共建筑，应满足现行国家和地方绿色建筑评价标准的二星级绿色建筑要求。政府投资工程全面应用装配式技术建设，保障性住房项目（含回购项目）全部实施装配式建造，装配式建筑占新建建筑比例达 30%。城区出让或划拨土地上的新建住宅，全部实行全装修和成品交付，鼓励在建住宅积极实施全装修（除安置和农整项目）。

其中，城区青少年老年活动中心与便民服务中心项目已获得二星级绿色建筑认证。

青少年老年活动中心（图 2-9-10）：位于中央生态廊道地块东南角，用地面积 0.03 km²，地上总建筑面积 2 万 m²，地下总建筑面积约 1.1 万 m²。活动中心利用悬挑与架空空间，不仅丰富了建筑形体，更满足了户外阴雨或烈日情况下全天候的活动需求。两处建筑一前一后镶嵌于城市大台阶之上，通过表皮孔洞密度的变化，自然形成流动的线条。青少年及老年活动中心既拥有独立的门厅和使用流线，又通过空中广场相互交流，体现了开放交融、绿色共享的生态理念。建筑设计采用被动、适宜的建筑节能策略，采取低技术的方式进行生态节能设计，如自然采光通风、屋面绿化、屋顶雨水收集系统等，以较低的投入达到良好的节能降耗效果，实现健康、经济、高效的设计目标，实现与自然和谐共生。

便民服务中心（图 2-9-11）：位于中央生态廊道核心区域，是与大草坪景观无缝融合的覆土地景建筑，也是最为开敞的城市展示面，用地面积 0.06 km²，地

图 2-9-10　城区二星级绿色建筑青少年老年活动中心

图 2-9-11　城区二星级绿色建筑便民服务中心

上总建筑面积 2 万 m²，地下总建筑面积约 4 万 m²。服务中心建筑形如游龙，飘逸出尘，空中界面保持了大草坪的完整性，设计灵活运用中庭天井采光、下沉式电瓶车道侧壁采光、点状光导管顶面天窗等多种手法，解决建筑采光问题。功能布局与交通流线上，分区合理，互不干扰。一站式的功能服务为市民提供便利。设计呼应龙游石窟文化，展现绿色生态的现代概念，传达开放共享的服务理念。建筑大部分为覆土建筑，提高了建筑的保温隔热性能。多个核心功能区形成多个中庭，提高建筑自然采光通风效率。建筑利用大面积的屋顶，收集屋顶雨水，用于浇灌、冲厕及保洁。空调系统采用冰蓄冷、水系统大温差变流量调节、热回收系统等节能措施，同时与建筑使用功能有机结合，有效的降低空调能耗。

4. 资源与碳排放

龙游县城东新城核心区主要以商业、服务业、居住为主，能源需求主要包括自来水、电力、天燃气。城区依据能源现状、规划地块及人口分布，对电力、用水及天然气进行了能源专项规划，如图 2-9-12 所示。通过能源规划，优化能源结构，有效提升能源利用效率、缓解能源问题，促进城区的可持续发展。能源规划以大力发展可再生能源及区域式天然气分布式能源为主要发展方向，适度发展生物质发电，加快建设垃圾及污泥干化焚烧发电，同时全力推进公建、居民的分布式光伏发电。

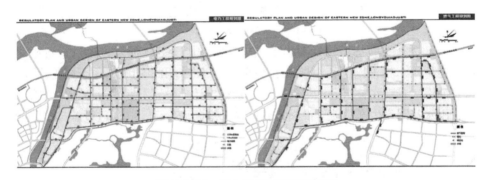

图 2-9-12　电力及燃气工程规划图

城区利用龙游县能源与碳排放信息管理系统，系统框架详如图 2-9-13 所示，系统对大型公共建筑和国家机关单位办公建筑实行用电分项计量，并将能耗数据上传至能耗监测平台，实现对建筑内部不同区域、不同设备能耗信息的实时采集和记录，通过定期统计与分析，便于管理人员在不同时间段、不同负荷情况下，分时制定节能方案。同时城区规划将政府投资的公共建筑和 1 万 m² 以上的大型公共建筑纳入城市能源管理平台，规划纳入城市能源管理平台的比例不小于总建筑面积的 48%。

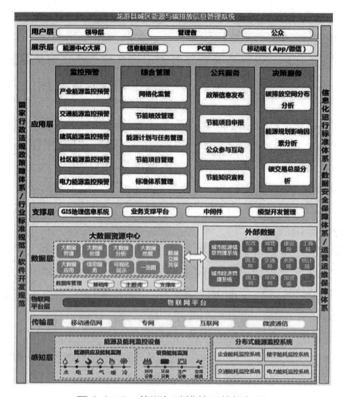

图 2-9-13 能源与碳排放系统框架图

城区进行了海绵城市专项设计，规划图如图 2-9-14 所示，通过设置雨水收集池、雨水桶，以及利用景观水体等方式，进行雨水回收，用于绿化浇灌、道路冲洗、景观水补水、洗车等；结合景观设计，设置下凹式绿地、生物滞留带、雨水花园、生态树池等设施；通过横、纵断面设计，并通过设置排水路缘

图 2-9-14 海绵城市规划图

石、开口路缘石等方式，将径流雨水引导至道路绿化带中的下凹式绿地，至规划末年可实现年径流总量控制率 73% 的目标。同时，城区水务部门将定期对管网的运行情况进行检查，并设置水务监测系统，对城市供水管网进行日常检测。通过各种措施实现降低城市供水管网的漏损率的效果和目的，其管网漏损率可小于 8%。

规划区生活垃圾采用电动三轮车进行收运，收集运送至城区 3 处生活垃圾中转站后，由生活垃圾专用密闭式运输车运至青垅山垃圾处理厂（图 2-9-15），进行回收利用，资源化利用达到 85% 以上。同时，城区内建筑施工过程中给建筑垃圾配置垃圾分类集装箱，分拣出有用材料，实行分类收集和分类处理。目前，龙游县由浙江龙游嘉堰再生资源利用有限公司承担统一收运处置工作。由建筑垃圾处置 PPP 项目进行分拣、剔除或粉碎，处理后符合环保条件的石块、细沙用于回填、绿化、制作彩砖等，实现建筑垃圾处置率 100%，综合利用率达 95% 以上。

图 2-9-15 青垅山垃圾处理厂

根据城区能源规划要求，城区内所有新建居住建筑的设计能耗比国家现行节能设计标准规定值或现行国家标准约束性指标低 10% 以上，城区内设计能耗降低 10% 的新建建筑面积比例达 75%。同时，新建建筑建议结合建筑设计进行可再生能源利用的相关设计，可再生能源主要利用形式为太阳能、地源热泵等，城区规划可再生能源利用比例为 3.58%。根据《衢州龙游县城东新区（核心区）低碳建设实施方案》的估算，规划年龙游县城东新区（核心区）全年碳排放量为 18.44 万 tCO_2，总减碳 1.81 万 tCO_2，人均碳排放量为 4.01 tCO_2/（人·a），单位地域面积碳排放为 4.54 万 tCO_2/（km^2·a）。城区年碳排放量计算表见表 2-9-2。

5. 绿色交通

龙游县城东新区核心区计划建设高质量的步行和自行车交通系统，营造舒

表 2-9-2　城区年碳排放量计算表

行业	常规模式		低碳模式		减排比例 / （%）
	每年碳排放量 / （tCO₂/a）	占比 /%	每年碳排放量 / （tCO₂/a）	占比 /%	
建筑	86 185.46	42.55	79 250.2	42.97	38.28
产业	104 265	51.48	100 112.9	54.28	22.92
交通	2 845.28	1.40	1 936.43	1.05	5.02
市政	1 397.68	0.69	817.13	0.44	3.20
水资源	14 869.85	7.34	13 384.68	7.26	8.20
固废物	6 597.36	3.26	6 126.12	3.32	2.60
景观绿化	–13 623.33	–6.73	–17 205.5	–9.28	19.77
合计	202 537.30	100.0	184 421.96	100.0	8.94

适宜人的步行和自行车环境，保障"公交十自行车＋步行"的绿色出行模式，将绿色交通作为低碳生态建设的一部分，引导土地利用和综合交通系统的建设，形成绿色交通模式为主导的生态城市发展典范。城区绿色交通出行比例将达到76%。城区将建立慢行系统，慢行系统规划如图 2-9-16 所示，结合绿道设计，绿道总长为 10.63 km，基本覆盖整个核心区。

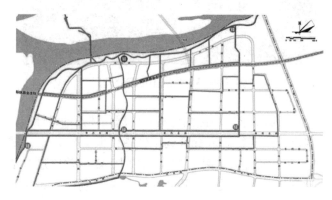

图 2-9-16　慢行系统规划图

城区主要路段均采用了渠化交通，合理设置交叉口、道路划线、绿带隔离设施，引导车流和行人各行其道，大幅度提高机动车的行车速度及交通安全水平，从而使道路服务水平大为提高。同时城区主要路段均采用快慢分流的交通组织方式。其中城市主干路、次干路采用机非物理隔离方式，包括绿化带、设施带、连续隔离栏等；城市支路采用非连续物理隔离或非物理隔离方式，包括

非机动车道彩色铺装、彩色喷涂、划线等。道路交通及公共交通线路规划如图
2-9-17 所示。

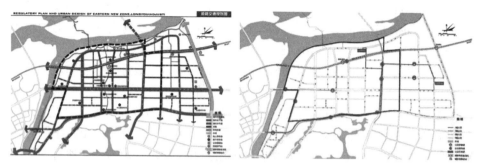

图 2-9-17　道路交通规划图及公共交通线路规划图

城区交通节点枢纽设置在金龙线城际铁路的龙翔东路站，在龙翔东路站附
近设置停车场与公共自行车租赁点，实现停车换乘，提高出行效率，减少能源
消耗，实现多种交通方式的整合和接驳。同时设有智慧交通信息化系统，为市
民停车换乘公共交通提供便利。

城区社会停车场分为地上与地下两种类型，其中地上停车场，新区内规划
4 处，地下停车场主要依托公园、防护绿地、广场等地下设置，不独立占地，
新区内规划 10 处。总停车位个数为 2 108 个，其中地下停车位占总停车位个
数的 76.6%，城区停车场分布如图 2-9-18 所示。

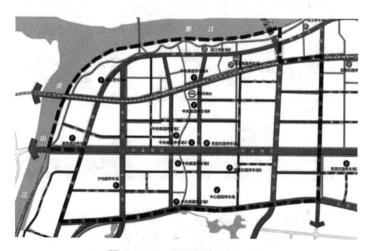

图 2-9-18　停车场规划布局图

城区内新建住宅小区 100% 预留充电桩；充电桩主要为公交车充电设施，
出租车充电设施等，公交充电桩布置于公交停车场、公交首末站，充电供需比

达 130% 以上，整体车桩比例达到 1.6∶1；租车充电桩主要依托司机之家、出租车专用停车场、加油加气站、其他公共交通设施等设置，供需比达 100% 以上，整体车桩比例达到 2.7∶1；机关、企事业单位专用充电设施，实现车桩比例 1∶1，可满足内部充电需求。规划利用单位内部停车场资源设置电动汽车专用停车位，并按不低于 20% 比例配建充电桩。

在下发的《衢州市新能源汽车推广应用和充电基础设施建设省财政奖补资金管理暂行办法》（衢发改委〔2018〕53 号）的文件中，还制定了鼓励使用环保能源动力车措施；同时对公交在生产经营和贩卖车辆设备上所需的资金，建议政府给予低息贷款。同时为减少机动车交通出行量，提高绿色出行率，对购买新能源车采用奖励机制。为鼓励居民采用公共交通形式出行，交通管理部门制定了合理的公共交通票价，同时提高了地面机动车停车费，限制机动车出行。从 2019 年 10 月 1 日起，龙游县实行城乡公交一体化，所有城乡线路均实行"两元一票"制，同时龙游县公交系统建立有智能化控制平台（图 2-9-19），不仅在高峰时段可实现智能调度，还可实时提供公交线路及到站等信息，方便市民日常出行。

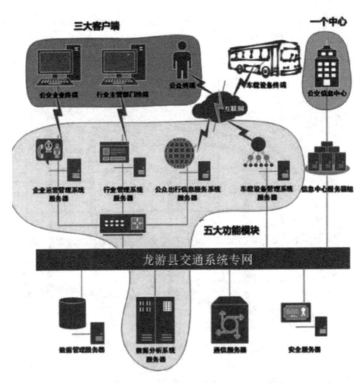

图 2-9-19　龙游县公交智能化平台系统

6. 信息化管理

衢州市龙游县城东新区核心区信息化管理平台主要分为两个部分，一个是基础平台内容，另外一个是信息化管理子系统。基础平台内容提供数据中心平台、综合监控系统、运维管理服务系统和平台门户系统，为各个信息化管理子系统做支撑和保障。信息化管理子系统包括"城区能源与碳排放信息管理系统、城区绿色建筑建设信息管理系统、城区智慧公共交通信息平台、城区公共安全系统、城区环境监测系统、城区水务信息管理系统、城区道路监控与交通管理信息系统和城区地下管网信息管理系统"。

其中，龙游"智慧水务"大数据综合展示平台（图 2-9-20）对龙游县域水务信息进行实时监测和反馈。监测数据主要包括化验室水质数据、客服热线数据、水厂生产数据、水厂自控数据、远传水表数据、污水泵站数据、污水排放监测数据、营销 MIS 数据、官网 GIS 数据、视频监控数据等等。同时平台协同龙游县智慧环保平台，对城区水源地水质进行监测。监测范围分别包括龙游县域内灵山江流域和衢江流域。监测因子包括常规五参数、氨氮、总磷总氮、高锰酸盐指数。水站自动监测的数据都实时上传到国家水质自动综合监管平台。

图 2-9-20 智慧水务管理平台

为满足公交企业、行业监管部门和乘客三方用户的合理信息需求，构建面向公交企业、公交行业管理和公交乘客需求的智能化管理平台，为公交出行者提供丰富的出行信息，提高公交系统的运行效率和服务水平。龙游县设置了公交调度指挥中心，实时对公交车运行情况信息进行统计和反馈，方便公交车的指挥和调度。同时公交部门创建了龙游公交智慧出行系统（图 2-9-21），"扫一扫"便知公交线路，"扫一扫"可预知到站时间。

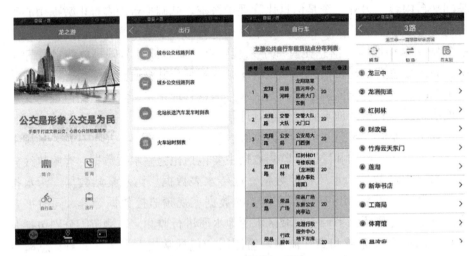

图 2-9-21　龙之游 APP

7. 产业与经济

龙游县城东新区核心区以中央生态廊道为核心，营造生态宜居、现代服务集聚，集行政办公、商业商务、生态休闲、旅游服务、居住生活、配套服务为一体的综合城市新区，产业布局如图 2-9-22 所示。结合规划定位与规划的区位经济优势，确定 5 个产业发展方向：高端生活服务业、商业与商务服务业、

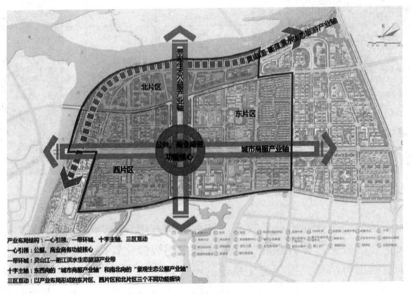

图 2-9-22　城区产业布局图

休闲旅游业、文创产业、数字产业。至规划末年可就业岗位数量 2.96 万个，职住平衡比可达 0.98。

新区内单位生产总值能耗控制目标，在龙游县每年下降目标基础上进一步下降 2.5%；万元生产总值总用水量控制目标，在龙游县每年下降 4% 的基础上进一步下降 1%。新区内单位生产总值碳排放量、人均碳排放量和单位地域面积碳排放量等三个指标达到所在地和城区的减碳目标。

8. 人文

龙游县城东新区核心区内的市、区级公共配套设施依据《龙游县城东控制性详细规划及城市设计（调整）》《龙游县养老设施布局专项规划（2016—2030）》的要求进行设置。城区设有龙游县城东敬老院，包含 500 张养老床位。另于湖底叶、金利花园北侧、龙二高西侧、子鸣小区三期周边设有社区居家养老服务照料中心。社区居家养老服务照料中心暂不考虑养老床位，仅设置休息床位，每千名老年人床位数达 45.29 张。

城区规划设置人性化和无障碍的过街设施（图 2-9-23），增强城区各类设施和公共空间的可达性，满足轮椅通行需求的人行天桥及地道处设置坡道，当设置坡道有困难时，设置无障碍电梯，且有 36% 的过街天桥和过街隧道设置了无障碍电梯或扶梯。

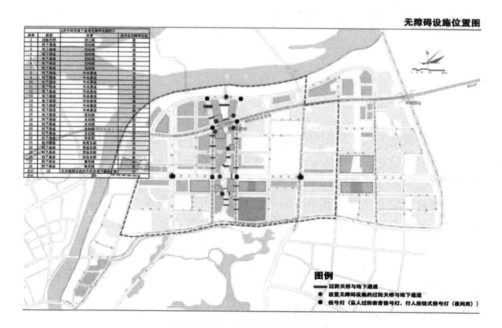

图 2-9-23　无障碍设施布置图

2.9.5 低碳发展效益

目前城东新城核心区绿色、低碳建设正在有序推进。预计到规划末年规划区可实现可再生能源利用率3.83%；单位生产总值能耗在龙游县每年下降目标基础上进一步下降2.5%；万元生产总值总用水量，在龙游县每年下降率4%的基础上进一步下降1%；人均碳排放量较2017年龙游县人均碳排放量降低60%以上，即城区每年人均碳排放量降低到4.16 tCO$_2$/（人·a）。

2.9.6 获得荣誉与奖项

龙游县城东新区核心区荣获国家绿色生态城区规划设计阶段二星级认证；城区在2020年四季度进入争先创优行动"最佳实践"- 建筑业和房地产领域名单；城区内的金融中心西地块入选2022年度浙江省建设工程钱江杯（优质工程）。

2.10 苏州吴中太湖新城启动区

2.10.1 项目亮点

太湖新城是苏州一核四城"城市发展战略的重要组成部分，也是江苏省首个三星级国家绿色生态城区。太湖新城以"绿地—湿地—水系"为骨架，构建稳定健康的自然生态系统，保证生态系统固碳能力和生态服务功能的可持续发展。太湖新城地下空间是苏州市地下空间综合开发示范区、全国地下公共走廊示范工程；核心区地下空间项目是我国首个单体绿色三星级地下空间建筑。启动区能源中心提高了城市能源运行效率，有效降低了城市碳排放水平。启动区单位生产总值碳排放量、人均碳排放量和单位面积碳排放量等指标均领先于苏州市减碳目标。

在管理机制方面，太湖新城以创建建筑节能与绿色生态城区为契机，成立了示范区创建工作领导小组，建立国土、规划、建设、财政等多部门协调工作机制。在管理政策方面，太湖新城出台了《吴中太湖新城绿色生态管理实施办法》《吴中太湖新城建筑节能与绿色建筑专项引导资金管理办法》《吴中太湖新城绿色施工管理办法》等一系列政策文件，实现开发建设项目从土地出让、规划设计、施工管理到项目验收的全过程政府监管。吴中太湖新城的工作机制、政策措施形成具有前瞻性和系统性的长效管理机制，保障绿色生态专项指标的落地落实、绿色建筑集成技术的应用推广。

专家点评：太湖新城是苏州推动绿色低碳发展、推进市域高质量一体化发展以及打造产业创新集群发展新高地的重要实践。新城规划在保护好太湖生态的同时，充分发掘水乡空间基因和文化底蕴，构筑蓝绿交织的复合型生态绿化格局。太湖新城通过中心广场至地下空间区域开发，形成集聚空间，整体打造市级商业、商务中心；优化公共配套供给，充分利用品牌资源，形成具有吸引力的医疗、教育配套；合理布局邻里中心点位，构建"一站式""一街式"邻里共享中心，打造 15 min "社区便民生活圈"。

2.10.2　项目简介

苏州吴中太湖新城启动区（以下简称启动区）位于苏州市吴中区，东、南至太湖大堤，西至旺山路，北至绕城公路（除旺山工业园）。太湖新城是苏州"一核四城"城市发展战略的重要支点，是苏州迈向"太湖时代"的重要门户和标志性区域。其发展定位是以现代服务业和创新产业为主导，体现"新产业、新城市、新生活"特征的滨湖山水新城。启动区规划范围如图 2-10-1 所示。

图 2-10-1　苏州吴中太湖新城启动区规划范围图

启动区总用地规模为 1 013.48 万 m²，其中城市建设用地为 867.62 万 m²，非建设用地 145.17 万 m²，总规划人口 13 万人。启动区于 2016 年取得控规调整批复，启动开发建设。2020 年启动区按照《绿色生态城区评价标准》（GB/T 51255）进行绿色生态城区申报，并取得绿色生态城区规划设计三星级标识。图 2-10-2 为启动区效果图。

图 2-10-2　苏州吴中太湖新城启动区效果图

2.10.3　关键技术指标

苏州吴中太湖新城启动区在规划阶段，编制了绿色生态、绿色建筑、能源利用、绿色交通、智慧城市等多个专项规划设计，构成了完整的绿色生态专项规划体系，为城市建设和项目实施提供科学依据。每个专项规划均制定了专项指标体系，为启动区绿色生态建设确定了目标和方向。各专项指标汇总形成启动区绿色生态综合指标体系，共计指标 52 项，其中总体控制指标 3 项，分别对应于系列专项规划的三个核心目标；分项控制指标共 49 项，分别对应于 10 个分项规划系统。绿色生态关键指标共 17 项，见表 2-10-1。

表 2-10-1　苏州吴中太湖新城启动区绿色生态关键指标表

指标	指标数据	单位或比例等
城区面积	1 013.48	万 m²
除工业用地外的路网密度	9.28	km/m²
公共开放空间服务范围覆盖比例	83.14	%
绿地率	37.15	%
节能型绿地建设率	81.46	%

续表

指标	指标数据	单位或比例等
噪声达标区覆盖率	100	%
二星及以上绿色建筑比例	62.02	%
装配式建筑面积比例	11.17	%
可再生能源利用总量占一次能源消耗总量比例	4.33	%
再生资源回收利用率	75.00	%
绿色交通出行率	85.00	%
单位地区生产总值能耗降低率	6.97	%
单位地区生产总值水耗降低率	8.10	%
第三产业增加值比重	90.00	%
高新技术产业增加值比重	50.00	%
每千名老人床位数	50	张
绿色校园认证比例	100	%

2.10.4　主要技术措施

太湖新城启动区履行了建设之初提出的"四先四后"理念：先规划后建设，先地下后地上，先生态后业态，先配套后居住。启动区着力创造"地下空间""能源中心""综合管廊""智慧管理"等优势亮点，不断向"苏州未来城市建设的最高水平"冲刺。通过绿色生态城区规划建设，启动区实现了降低能耗与碳排放、保护沿太湖生态、集约土地开发、提高土地价值，推动太湖新城绿色生态、高质量发展。

1. 土地利用

土地混合开发可以实现城市功能聚集，减少交通和配套设施的开发成本，增加城区居民的生活便利。启动区内居住用地（R类）、公共管理与公共服务设施用地（A类）及商业服务业设施用地（B类）中的两类或三类混合用地单元的面积之和占城区总建设用地面积的比例为94.15%。启动区用地规划如图2-10-3所示。

启动区规划公共交通站点共计145个，站点周边500 m范围内均采取混合开发，占比为100%。站点周边用地以居住用地、中小学用地、商业商务混合用地、医疗卫生用地、文化设施用地等为主，形成以公交导向的混合用地布局模式。启动区公交站点规划如图2-10-4所示。

图 2-10-3　苏州吴中太湖新城启动区用地规划图（2018 年版）

图 2-10-4　苏州吴中太湖新城启动区公交站点规划图

　　启动区核心区地下空间建筑面积 30 万 m², 是我国首个绿色三星级单体地下空间建筑。地下空间以地铁 4 号线溪霞路站为中心, 由地面首层至地下 3 层构成: 地面为中轴大道与景观广场, 地下 1 层为商业综合体, 地下层 3 层为停车场。地下通道、地铁车站以及其他地下功能地块相互联通整合, 建立核心区建筑群之间的网络联系, 构筑地面慢行、地下步行、地上天桥的 "地下—地面—地上" 三重立体化城市慢行交通体系。并统筹地下公共走廊、轨道交通、停车、物流、垃圾转运、市政管廊、人防等多样化功能的空间需求。

　　该项目主要采用了地下空间开发利用技术、区域能源站、光伏发电、区域雨水综合利用、光导管和下沉庭院采光优化措施、建筑智能化综合管理系统等先进技术, 可实现项目设计总能耗低于国家节能标准规定值的 80%, 每年可节约自来水使用量 42 810 m³, 同时实现节约利用土地、节约材料使用、优化室内空间等目标。地下空间实景照片如图 2-10-5 所示。

图 2-10-5　苏州吴中太湖新城启动区地下空间项目实景图

　　苏州常年主导风向夏季为东南风, 冬季为西北风。按照启动区控规方案, 线状绿化主要是沿主要干道及景观道路的防护绿带及河道的防护绿带, 包括官渡河生态景观带、天鹅港景观带等。除核心区局部地段外, 沿太湖大堤内侧防护绿带不少于 100 m, 沿湖风光带主要以缓坡绿带、湿地水系等为主; 官渡河两侧设置总计不小于 100 m 的绿带, 规划为生态廊道; 启动区范围内沿太湖大堤, 天鹅港、官渡河、景周河形成多条通风廊道, 能够有效提升城市空气流通能力、缓解城市热岛。启动区通风廊道规划示意如图 2-10-6 所示。

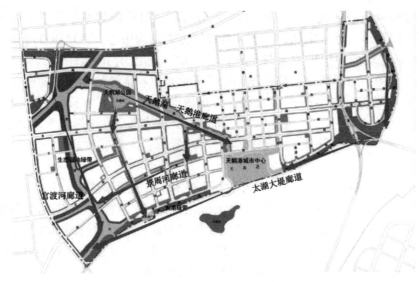

图 2-10-6 苏州太湖新城启动区通风廊道示意图

2. 生态环境

苏州地处江南水乡，自然禀赋优良，四周山水环绕，太湖与长江相依，为各类生物提供了良好的生存环境和栖息空间。根据《苏州市吴中区志（1988—2005）》中野生动植物资源统计结果，太湖新城所在的吴中区共有维管束植物494种，其中陆生植物333种，水生植物161种，鸟类173种，鱼类107种。根据《苏州市维管束植物区系和植物资源研究》统计分析，苏州地区维管束植物木本共有320种，参考《苏州园林绿化树种的应用与规划研究》，苏州市乡土树种共有292种。

启动区以太湖绿带、生态湿地带、天鹅港景观带为依托，结合天鹅港、天鹅湖公园、中心区中轴广场以及社区公园等，构建"点、线、面"相结合的生态网络绿地系统。在启动区现状水系基础上，对河道进行治理，连通成网络；主要河道两侧设置滨河绿带，绿带总宽度不小于 40 m，与水系共同构建景观生态水网系统。充分利用现状水系、植被，以官渡河为基础，天鹅港、天鹅湖、天鹅湖以西三河交汇地带为核心，官渡河与顺堤河、官渡河与齐安港 2 个水系交会点为节点，构建启动区"一带、三核、多点"微湿地生态系统。启动区湿地系统规划如图 2-10-7 所示，太湖大堤实景照片如图 2-10-8 所示。

启动区内规划公园绿地用地面积为 0.88 km²，防护绿地用地面积为 0.78 km²，广场用地为 0.15 km²，附属绿地 1.42 km²，水域面积 0.90 km²。生态绿地占启动区用地比例为 40.7%。其中天鹅湖公园被称为吴中太湖新城的"城市绿肺"，规划面积为 0.24 km²，包括 0.11 km² 水域和 0.13 km² 陆地。并最大

图 2-10-7　苏州太湖新城启动区湿地系统规划图

图 2-10-8　苏州太湖新城启动区太湖大堤实景照片

程度地保留现有水体，为城市居民提供了以软质、动态景观为主的森林氧吧，目前已建成并对外开放。启动区天鹅湖公园实景照片如图 2-10-9 所示。

3. 绿色建筑

通过对标国内典型案例绿色建筑星级目标分析，结合启动区绿色建筑"国内领先、生态示范、全生命期"的宏观目标，启动区绿色建筑发展目标为：

图 2-10-9　苏州太湖新城启动区天鹅湖公园实景照片

（1）启动区内建筑 100% 实现绿色建筑要求，其中达到二星级及以上要求的建筑不低于 62%。

（2）建设国际绿色建筑示范区，示范区内的建筑满足绿色建筑星级标准要求的同时，鼓励进行国际绿色建筑标准认证。

（3）政府投资的公共建筑应 100% 达绿色建筑二星级及以上评价标准。

规划中采用"影响因子法"对太湖新城启动区项目各地块星级进行评估，最终太湖新城项目绿色建筑二星级及以上比例达到 62%。在初步星级计算潜力布局结果的基础上，结合区域发展实际情况进行全方位考虑，保证区域内绿色建筑发展特色更为突出、目标更加明确。针对太湖新城项目设立区域绿色建筑示范区、提升超低能耗建筑、装配式建筑、健康建筑及绿色校园的推广。启动区绿色建筑星级规划分布如图 2-10-10 所示。

苏州吴中太湖新城于 2017 年发布《吴中太湖新城绿色生态管理实施办法》，建立将绿色建筑指标与土地出让挂钩的绿色土地出让模式，将控规和相关政策中绿色建筑的要求列入地块出让的规划条件，并明确载入土地出让合同，通过合同条款对建设方的行为进行更加有效的全过程约束，从源头上促进建设单位落实建筑节能和绿色建筑有关要求。

为保障后期绿色建筑的落地，启动区建立"规划—设计—建设—运营"全过程绿色建筑实现模式。通过开展绿色施工以及绿色运营等工作，利用全过程绿色建筑实现模式进行监管。同时推进绿色建筑后评估工作，使绿色建筑真正延伸到建筑的运营中。

图 2-10-10　苏州吴中太湖新城启动区绿色建筑星级规划分布图

　　启动区近 3 年绿色建筑示范项目共 11 个，总建筑面积约为 141.18 万 m²，示范项目全部为二星级及以上绿色建筑，二星级比例达 100%。其中三星级绿色建筑项目 5 个，总建筑面积 60.28 万 m²，三星级绿色建筑比例达 43%。启动区已建成的吴郡社区实景照片如图 2-10-11 所示。

图 2-10-11　苏州吴中太湖新城启动区吴郡社区实景照片

4. 资源与碳排放

（1）分项计量

启动区科学合理地规划能源的供应模式、用能模式、需求端能源消费模式，进行能耗和碳排放系统的区域整体规划和协调。启动区内规划建立城区级能源管理系统，以地块或建筑为单位，针对电力、热力、燃气、燃油、集中供热、集中供冷、可再生能源及其他类用能等安装计量表进行分项数据采集、监测和分析，并纳入城市能源管理平台。启动区建筑用能管理平台界面如图2-10-12所示。

图2-10-12　苏州吴中太湖新城启动区建筑用能管理平台

（2）可再生能源利用

启动区采用太阳能光热系统作为主要可再生能源的应用方式，根据建设和场地情况对部分地块利用太阳能光伏系统，可再生能源提供生活热水占总生活用水能耗的比例为44.20%；同时根据地质和水资源条件，在适宜区域采用地源热泵和水源热泵作为建筑冷热源，水地源热泵可再生能源提供的比例为2.46%。

（3）系统设备

苏州吴中太湖新城设置了冷热电三联供能源中心，设计供冷、供热面积规模为200万m²，联供系统覆盖的公共建筑面积比例占城区总的公共建筑面积的41.8%。项目设计一次能源利用效率为189.24%，实现了一次能源的梯级利用，提高了城市能源运行效率，有效降低了城市碳排放水平。启动区能源中心实景照片如图2-10-13所示。

（4）碳减排实施方案

启动区编制了碳减排专项实施方案，针对建筑、产业、交通、市政设施、

图 2-10-13　苏州吴中太湖新城启动区能源中心实景

水资源、固体废弃物、景观绿化方面制定了低碳建设措施和低碳发展模式。并对启动区运营阶段二氧化碳的排放量进行了预估。启动区碳排放核算清单见表 2-10-2。

表 2-10-2　苏州太湖新城启动区碳排放核算清单

分类	排放源（碳汇源）	活动水平数据
建筑	商品能源的使用	电力消费量
		燃气消费量
	太阳能光伏系统	太阳能光伏发电量
	可再生能源热水系统	可再生能源热水使用量
	地源热泵空调系统	地源热泵空调电力替代量
产业	第三产业商品能源的使用	电力消费量
		燃气消费量
交通	私家车商品能源的使用	汽油使用量
		电力消费量
	公交车辆商品能源的使用	柴油使用量
		汽油使用量
		电力消费量
市政设施	道路设施商品能源的使用	电力消费量

续表

分类	排放源（碳汇源）	活动水平数据
水资源	自来水的使用	自来水使用量
	再生水的使用	再生水使用量
	污水处理	废水产量
固体废弃物	固体废弃物处理	垃圾产量
景观绿化	公园绿地	大小乔木密植混种区面积密植灌木丛面积草坪面积
	防护绿地	
	道路绿地	
	居住用地附属绿地	
	其余附属绿地	

　　碳排放计算中涉及电力、燃气、汽油、柴油等商品能源的排放因子，自来水、中水生产的排放因子，废水、固废物处理的排放因子，以及草坪、灌木、乔木等绿植的碳汇因子。排放因子取值情况见表2-10-3。

表2-10-3　苏州太湖新城启动区碳排放计算排放因子参考汇总表

排放因子	参考资料
电力排放因子	《2016年度减排项目中国区域电网基准线排放因子》
商品能源排放因子	《省级温室气体清单编制指南（试行）》
给排水排放因子	《中国绿色低碳住区技术评估手册》
固废物处理排放因子	《我国生活垃圾焚烧发电过程中温室气体排放及影响因素——以上海某城市生活垃圾焚烧发电厂为例》《江苏省生活垃圾焚烧发电中长期发展指导规划》
绿化碳汇因子	《中国绿色低碳住区技术评估手册》

　　经计算，苏州吴中太湖新城启动区运营阶段全年碳排放量约为63.215万tCO_2，人均碳排放量约为4.86 tCO_2/（人·a），单位面积碳排放约为6.24万tCO_2/（km^2·a），预计2030年单位生产总值碳排放量为0.45 tCO_2/（万元·a），较2010年苏州平均水平下降了70.38%，满足苏州市到2030年万元生产总值二氧化碳排放下降率（较2010年）为70%。

5. 绿色交通

（1）绿色交通出行

　　启动区通过优化交通系统，采用绿色交通组织设计，运用智慧交通技术手段，构建以步行、自行车和公共交通等绿色交通为主导的多元化城市及对外交通体系，营造通达、有序、安全、舒适、低能耗、低污染的交通环境。绿色出行率预计将达 85%。启动区绿色出行预测见表 2-10-4。

表 2-10-4　苏州吴中太湖新城启动区绿色出行率预测表

类型	测算数据（万人次 /d）
非机动车交通出行量	15.309
步行交通出行量	5.567
常规公交交通出行量	12.989
轨道交通出行量	5.567
区域交通出行总量	46.39
绿色交通出行率	85%

①多层次公交系统

启动区内公交出行比例达到 40%。在公共交通系统中，轨道交通占 30%，公交（包括常规公交、水上观光巴士）占 70%，从而形成以轨道交通为对外公交骨架，区内公交干线、常规公交优先，接驳公交服务近期片区，辅以游览性质的水上公交的多层次公共交通体系。启动区公交系统规划如图 2-10-14 所示。

图 2-10-14　苏州吴中太湖新城启动区多层次公交系统规划图

②慢行交通网络

启动区慢行交通网络按功能及重要性规划为慢行廊道、慢行通道、慢行休闲道三级网络，形成通达性与休闲性并重的慢行交通网络。

其中慢行休闲道即绿道，是与城市景观、绿化、公共活动空间相结合，同时具备一定的交通功能的慢行道路。启动区绿道网络规划为步行道和自行车道路两种类型的慢行道路。启动区市政道路慢行道总里程为 63.32 km，绿道网络总长度为 35.42 km，慢行网络总长为 98.74 km，慢行系统密度为 9.85 m/km²。启动区绿道规划如图 2-10-15 所示。

图 2-10-15　苏州吴中太湖新城启动区绿道网络规划图

（2）道路与枢纽

启动区道路交通走廊呈现"一纵一横"的快速走廊格局和"三纵两横"的一般道路走廊格局。"一纵一横"的快速走廊为绕城公路、苏州湾大道；"三纵两横"的交通走廊为旺山路、龙翔路、塔韵路、太湖东路、五湖路。

启动区内规划"路段式公交专用道"+"交叉口式公交优先进口道"的公交优先方案，共规划设置 6 条路段式公交专用道，长度为 11.34 km，占主干路比例为 100%。启动区公交优先道规划如图 2-10-16 所示。

（3）静态交通

启动区规划配建停车泊位占总泊位的比例为 80%，公共停车泊位占 20%，

图 2-10-16　苏州吴中太湖新城启动区公交优先道规划图

其中路外公共停车泊位占比不小于 10%。停车场推荐采用地下停车或立体停车，启动区共规划路外公共停车场 21 处，停车位 7 152 个，其中地下及立体停车位数量为 6 552 个，占比为 91.6%。启动区结合公交首末站、轨道站点及公园码头等公共活动场所共规划 11 处非机动车公共停车场。

6. 产业经济

根据太湖新城自然资源禀赋、生态环境特点、产业发展基础、产业布局现状，坚持"产业发展与生态保护相适宜、统筹规划与功能分区相结合、集约开发与城市发展相融合"的原则，构建"一核两带三区"的产业空间布局框架，逐步形成功能定位清晰、发展导向明确、产业发展与资源环境相协调的发展格局。

依据产业规划内容，太湖新城主导产业为机器人与人工智能，三大特色新兴产业为智能制造服务、工业互联网、医疗健康服务。预计可提供约 6.4 万个固定就业岗位，且就业居住人口约为 9 万人，职住平衡比约为 0.71，能较好实现职住平衡。

2022 年，苏州市政府赋予太湖新城"苏州数字经济发展的核心承载区""代表苏州标识的城市高端功能区"和"打造苏州未来城市新中心"的目标定位，聚焦工控系统、工业互联网、元宇宙等领域，加快推进太湖新城数字经济创新港建设，力争到 2025 年，建成投用 230 万方科创载体，240 万方商务办公载体。

7. 信息化管理

太湖新城城市运行中心于 2014 年建设完毕，创建了综合监测、高效指挥的管理工作模式，承载了太湖新城城市综合运行状况监测、应急指挥调度、决策支持分析等业务。

为确保绿色生态城区建设能够按照专项规划及指标体系实施落地，太湖新城于 2021 年启动了"绿色生态城区管理平台"建设工作。平台的建设实现了城区绿色生态服务与管控信息化，包括太湖新城绿色生态相关的规划、设计、建设、运行的全周期、多维度、一体化的监管与服务。平台建设实现了绿色生态城区建设期与运营周期的全生命周期评价，为政府决策提供数据支持，使新技术、新产品、新模式在太湖新城得以更好的应用。启动区绿色生态管理平台首页如图 2-10-17 所示。

图 2-10-17　苏州吴中太湖新城启动区绿色生态管理平台首页

2.10.5　低碳发展效益

苏州吴中太湖新城启动区凭借得天独厚的自然生态优势，以"绿地—湿地—水系"为骨架，构建稳定健康的启动区微自然生态系统；在规划建设中秉承绿色低碳理念，采用绿色技术措施推动建设一批技术集成创新显著的示范工程，在地下空间开发、能源高效利用、智慧管理等方面取得了一定成效，为新城的绿色生态实践起了较好的示范作用。

（1）生态效益

太湖新城严格按照节能标准，选用高能效的冷热源系统及设备、选用节能灯具及自然采光等节能措施,年节约标煤约 1.14 万 tce,减少 CO_2 排放约 2.83 万 t CO_2。居住建筑采用太阳能热水器提供生活热水,年节约标煤约 0.80 万 tce,减少 CO_2 排放约 1.98 万 t CO_2。太湖新城道路及景观照明合理选用高效 LED 灯,年节约标煤约 0.03 万 tce,减少 CO_2 排放约 0.07 万 t CO_2。

根据测算,在 2030 年,启动区预计全年碳排放量约为 63.22 万 t CO_2,与常规模式相比综合减碳率为 25.91%。

(2)经济效益

太湖新城启动区用地功能采用混合开发模式,充分利用土地资源,减少交通和配套设施的开发成本。启动区建设秉承"先地下,后地上"的开发理念,先期铺设地下综合管廊,整合资源节约建设成本。核心区地下空间规划将地下商业与交通功能一体化设计,并融合地上景观,节约土地资源合理开发,将地上地下空间串联为一个整体连贯的城市公共活动中心。

(3)社会效益

通过绿色生态规划建设,启动区明确绿色生态发展目标,提升项目生态环境品质,打造新城区建设样板项目。充分挖掘太湖新城绿色生态的品牌价值,提升整个区域的规划、建设、运营水平,促进招商引资的高端化,及产业定位的高端化。随着启动区绿色生态建设的不断推进,经济和环境效益的日益显现,项目内企业、居民对绿色生态建设的参与度将不断提高,绿色生态意识不断巩固加强,形成绿色生态发展实践与理念良性互动的良好局面。

2.10.6 获得荣誉与奖项

2013 年吴中太湖新城被列为"国家级智慧城市试点城市";2018 年获得江苏省省级建筑节能和绿色建筑示范区称号;2020 年取得国家绿色生态城区规划设计三星级标识;2022 年被评为江苏省省级绿色低碳城区。

2.11 桂林市临桂新区中心区

2.11.1 项目亮点

临桂新区中心区绿色生态城区建设,在展现桂林"山—水—城—林"城市特色的同时,实现了规划区总体和人均碳排放量均低于同一区域同规模城市的碳排放水平。临桂新区开展山体保护与修复，采用植被混凝土护坡绿化等技术对山体进行修复，为规划区增添绿量，展现本土特色风貌。大力推进中水利用，在8条道路布局中设置中水管网，优先用于水系补水、市政道路冲洗及绿化灌溉，再考虑用于地块内绿化浇灌、水景补水等，预计中水利用率达24%。以公共交通发展为主导，实现'轨道+旅游'模式，采取中运量、公交专用道、公交优先等措施，提升公共出行比例。通过保护与利用山体、水系等资源措施，挖掘与利用自身优势资源为城区服务。

专家点评：临桂新区的规划和建设遵循生态环境保护和可持续发展的原则，通过充分挖掘利用自身优势资源，依托现有的山水格局，对山体、水体、植被进行生态修复，同时改善市政基础设施条件，发掘和保护城市历史文化。新区设置大面积的绿地和公园，为居民提供休闲娱乐和健身锻炼的场所，增强居民的生活质量。通过发展智慧城市建设，利用先进的信息技术和数据管理系统，提高城市运行效率和服务质量。推行智能交通系统，优化交通路线和减少交通拥堵。同时，推动数字经济和信息产业的发展，吸引高科技企业和人才落户新区。

2.11.2　项目简介

临桂新区（图2-11-1）位于广西壮族自治区东北部，桂林市西郊，东距桂林市中心区约10 km，是桂林未来的城市副中心，用地面积约62.7 km²。临桂新区中心区为临桂新区核心区，用地范围西北至两江大道、世纪大道及山水大道，东抵凤凰路-仕通路-临辉路沿线，南至秧一路，总用地面积约为13.03 km²，规划总人口约13.5万人，是临桂新区的行政中心、商业中心和文化中心。规划用

图2-11-1　临桂新区航拍图

地包括居住用地、公共管理与公共服务设施用地、商业服务业设施用地等。

2020 年 8 月依据《绿色生态城区评价标准》（GB/T 51255）获得绿色生态城区规划设计阶段三星级认证。

规划区功能定位是建成交通便捷、环境优美，体现桂林"山—水—城—林"城市特色的生态城区。规划将新区打造成以行政办公、商务办公、商业金融、文化休闲、居住为主的多功能、复合型和谐城区。2015 年 3 月，临桂新区绿色生态城的申报工作已通过自治区住建厅审批并上报国家住房和城乡建部。同期，桂林市获批入选住房和城乡建设部"中欧低碳生态城市合作项目专项试点示范城市"，成为全国首批 10 个试点示范城市之一，其中临桂新区为桂林市绿色建筑的主要试点区域，临桂新区中水项目被初步遴选为欧盟专家直接参与技术援助的示范项目。

1. 近期规划

2013—2015 年为中心区建设启动期，高星级绿色建筑示范项目，专项规划、管理制度、标准体系、技术体系完善与建设。

2. 中期规划

2015—2025 年为城区建设实施期，在土地利用、生态环境、绿色建筑、能源利用、水资源利用、垃圾分类与管理、绿色交通、产业发展、人文建设方面融入低碳理念，结合区域特色，辅助智慧城市手段，建设具有地域特色的高新技术产业集聚区。

3. 远期规划

2025—2035 年为建设经验总结，效果提升阶段。对生态指标实施情况进行评估，在此基础上优化城区建设实施方案。

2.11.3　关键技术指标

临桂新区新建项目全面执行绿色建筑标准，其中二星级及以上绿色建筑达到 58.8%，三星级绿色建筑达到 33.3%。既有建筑改造项目通过绿色建筑星级认证比例达到 36.93%。临桂新区是装配式建筑积极推进区域，新建建筑采用装配式建筑的面积比例占 20% 以上，单体建筑装配率不低于 50%。为保障绿色建筑工作的顺利推进，临桂新区中心先后实施了目标责任考核制度，建设绿色建筑技术支撑服务平台，鼓励金融机构加大对绿色建筑的支撑力度等一系列技术、政策、资金保障措施。新区设置城区能耗监测系统，大型公建能耗监测覆盖率 100%，所有大型公共建筑均须接入系统，并将数据传输至桂林市数据中心，实现全程能耗监控，节约能源。相关指标参见表 2-11-1。

表 2-11-1　临桂新区中心区项目关键指标

指标	数据	单位或比例等
城区面积	1 303.32	万 m^2
除工业用地外的路网密度	8.10	km/km^2
公共开放空间服务范围覆盖比例	99.47	%
绿地率	43.06	%
节能型绿地建设率	100.00	%
噪声达标区覆盖率	100.00	%
二星及以上绿色建筑比例	58.76	%
既有建筑改造项目通过绿色建筑星级认证比例	36.93	%
装配式建筑面积比例	20.00	%
可再生能源利用总量占一次能源消耗总量比例	14.46	%
设计能耗降低 10% 的新建建筑面积比例	59.85	%
再生资源回收利用率	70.00	%
绿地交通出行率	80.00	%
单位地区生产总值能耗降低率	4.32	%
单位地区生产总值水耗降低率	8.37	%

2.11.4　主要技术措施

临桂新区合理规划中心区城市道路网络系统，优化街区路网结构、打造城市慢行系统。完善城市无障碍环境建设，推动城市文明建设的进一步发展。积极发展绿色交通，将电动汽车充电设施作为城市重要基础设施纳入城市规划，推广混合动力、纯电动、天然气等新能源和清洁燃料公共交通车辆，倡导绿色出行。努力推进市政管廊的建设工作，充分合理利用地下空间资源，有序组织安排地下管线建设。

桂林是国际性风景旅游城市，为保护漓江、发展桂林，促进桂林市社会经济、生态环境的低碳、生态、可持续的发展，创建美好家园，提升居民幸福指数，临桂新区中心区规划以"山之美、水之清、游之乐、居之福"的战略目标构建一座"真山、真水、真林"园中之城，同时创建低碳、生态、宜居城市，贯彻"保护漓江，城市西拓"的空间发展战略。

绿色生态规划积极响应保护临桂新区特有的山水文化品质，尊重山水的客观布局和自然走向等自身特色，规划创造山水文化景观，布局山水田园城市风光等，规划从全方位引导临桂新区低碳、生态建设，且以生态理念进行产业与经济、土地与空间利用、能源、水资源、交通、生态环境、信息化等方面规划，建设生态宜居之城。

1. 土地利用

维持原有的生态环境，注重进行修复性建设，强调自然生态环境与人工生态环境的和谐共融，积极推进用地混合开发与地下空间利用。

（1）用地混合开发

临桂新区中心区建成后将形成综合性的功能混合新城，采用开放型开发模式（图 2-11-2、图 2-11-3），通过加强街区的开放性和通透性，增加街区内部和外部的交流，以此减缓街区尺度过大带来的负面影响。

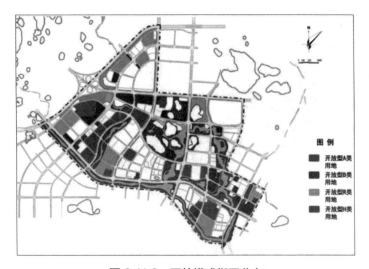

图 2-11-2　开放模式街区分布

图 2-11-3　实景图

规划开放空间主要沿着水体网络分布，借此创造一个地区的绿心以及环绕城市与邻里社区的绿色环带，凸显未来的地域形象特征。公共开放空间 500 m 服务范围覆盖城区面积比例达到 99.47%，并且满足均好性、连续性、可达性。区内用地类型集聚了居住用地、教育科研用地、公共设施用地、商业服务用地、对外交通用地、道路广场用地、绿地、市政公用设施用地等。规划范围总建设用地 1 091.67 万 m^2，通过划定 1 km^2 的网格分析，混合用地比例可达到 96.40%（图 2-11-4）。

图 2-11-4　功能混合街坊分布

（2）地下空间利用

考虑规划区的地下水位和岩石埋深的限制，规划区地块内的地下空间开发规模测算，首先根据地面规划建设强度，初步确定地块的地下空间建设强度，然后根据各地块的土地利用性质和区位，对地块地下建设强度进行校正。根据各地块面积算出每个地块的地下空间需求量，叠加得出规划区理论需求量，根据地下空间建设现状（包括已建设和已批复将建）得出实际的建设量（图 2-11-5）。

2. 生态环境

（1）绿地系统

临桂新区中心区以现有山水格局为依托，规划形成山、水、城、林为一体的"林环城，山环城，水环城"心肺状的绿地系统，通过滨水绿网，使临桂环境与桂林旅游城市的定位相匹配（图 2-11-6）。临桂新区中心区公共绿地面积为 216.89 万 m^2，防护绿地面积 32.28 万 m^2，附属绿地 100.41 万 m^2，非建设用

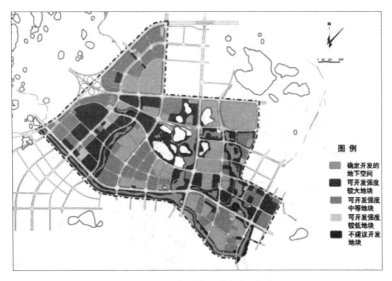

图 2-11-5　城区地下空间开发分区

图 2-11-6　水一坊实景图

地面积为 211.65 万 m^2，合计绿地面积 561.23 万 m^2，绿地率为 43.06%。

（2）立体绿化

立体绿化分为建筑和构筑物立体绿化。建筑宜采用立体绿化，不仅能增加绿量和视觉上的美学效果，使有限的绿地发挥更大的生态效益和景观效益，还能为市民提供休闲放松的场所，还能起遮阴覆盖、净化空气调节小气候等作用（图 2-11-7）。除建筑以外，城市的一些构筑物类似桥梁、路灯也可采用立体绿化的方式，可采用具有缠绕或吸附功能的攀援植物进行绿化设计，既可以起到点缀和装饰的效果，还能在桥背产生投影起到遮阴的效果。

211

图 2-11-7　屋顶绿化规划

（3）水环境

临桂新区河流有南溪河、沙塘河、蔡塘河、兰塘河、小太平河、太平河。规划区山水资源丰富，其中山体面积 0.36 km²，水域面积 0.73 km²，在城市中占据了重要的地位。临桂新区地属喀斯特地区，可耕可用的土壤较少。亚热带季风气候使年降水充沛，气候温和湿润。水资源丰富，但分布较为凌乱。地表河河床宽度只有数米至 20 余米，切割深度一般小于 3 m，纵向坡降 0.4‰~0.8‰，地表水排泄不畅，循环缓慢。通过海绵城市建设，综合采用"渗、滞、蓄、净、用、排"等措施，至 2030 年桂林市中心城区海绵城市建设面积要达 104.8 km² 以上（图 2-11-8~ 图 2-11-9）。

（4）环境监测

规划区现状开发建设量小，环境质量较好。交通噪声、农业污染是主要的污染源。噪声污染主要是机场路等现状道路的交通噪声；农业污染主要是化肥、农药的使用，这些污染物体通过各种途径进入水体，影响水质。新区规划建立智能环境质量监测系统，涵盖大气环境、水环境、噪音环境等。

规划建成后的区域环境噪声达标覆盖率为 100%，主要采取控制建筑、交通以及生活噪声源，阻断噪声传播和减弱受噪声影响等方案。地表水 100% 符合《地表水环境质量标准》（GB 3838）要求，水质近期达到 Ⅳ 类，远期达到 Ⅲ 类。修复受损山体，保护生态驳岸涵养水源。发展公园绿化和立体绿化，提高绿地率并以本地植物为主。发展景观游线，充分展现临桂新区丰富的自然、人文和人造的旅游资源，营造生态优美的城市水系景观。

图 2-11-8　水体岸线规划

图 2-11-9　水体实景图

3. 绿色建筑

（1）绿色星级建筑

规划区已取得绿色建筑设计标识的项目有华御公馆、建设大厦、发展大厦、临桂县人民医院医技住院综合楼、雁山区廉租房等项目，详见表 2-11-2。

表 2-11-2　临桂新区已经获得绿色建筑标识项目

项目名称	用地面积 /m²	建筑面积 /m²	绿建星级
桂林投资发展商务大厦	16 667	67 388	二星级
建设大厦	14 333	61 500	二星级

213

续表

项目名称	用地面积 /m²	建筑面积 /m²	绿建星级
创业大厦	167 630	168 000	二星级
新城国奥小区	198 866	597 300	二星级
桂县人民医院医技住院综合楼	—	32 013	二星级

临桂新区新建项目全面执行绿色建筑标准，临桂新区中心区规划高星级绿色建筑考虑了生态基底、区位条件、投资主体、建设情况等多方面因素，最终形成的绿色建筑规划为，全部新建建筑达到绿色建筑要求（图 2-11-10），其中 58.8% 的建筑达到绿色建筑二星级及以上标准，33.3% 的建筑达绿色建筑三星级标准。统计规划二星级及以上居住建筑占居住建筑总面积的 45.7%，二星级及以上公共建筑占公建总面积的 75.9%。

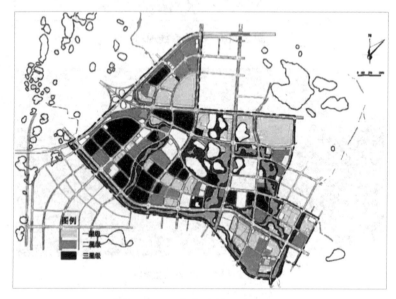

图 2-11-10　绿色建筑星级布局图

（2）既有建筑绿色改造

临桂新区中心区范围内现有适宜进行改造的建设项目为 108.5 万 m²，规划改造的 4 个地块项目改造面积 40.1 万 m²，占比 36.9%。《临桂新区中心区绿色建筑专项规划》中对改造的适宜技术进行了梳理，用以指导绿色改造项目的顺利进行（图 2-11-11）。

临桂新区中心区积极落实国务院办公厅、住房和城乡建设部、自治区住建厅和桂林市大力推广装配式建筑和促进产业现代化发展的相关文件要求，发展装

214

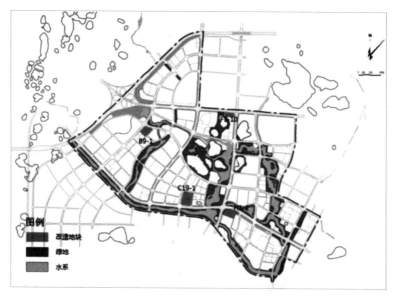

图 2-11-11　绿色改造地块

配式建筑。根据《桂林市推进装配式建筑发展实现建筑产业现代化的实施意见》，临桂新区作为装配式建筑积极推进区域，新建建筑采用装配式建筑的面积比例占 20% 以上，单体建筑装配率不低于 50%。

（3）绿色建筑适宜技术

建立节地、节能、节水、节材和室内环境重点技术清单。明确要求建筑应进行光污染控制，外立面应尽量避免大面积地单一采用玻璃幕墙，考虑并降低建筑物外装修材料（玻璃、涂料）的眩光影响。降低热岛效应，降低室外场地及建筑外立面排热，降低夏季空调室外排热。

（4）建筑全装修、产业化示范

临桂新区中心区在开发建设过程中，注重菜单式全装修住宅的示范建设，且采取以高端居住功能区域为试点的逐步推广模式。规划针对中铁投用地适度进行建筑产业化的示范建设，示范建筑面积为 57.72 万 m²。

（5）绿色学校

为促进临桂新区中心区学校绿色化发展，引领桂林市学校绿色建设，在新区范围内推广绿色学校和绿色教育体系的建设。对中心区内的 10 个中小学地块进行绿色中、小学的示范创建，为桂林市绿色学校发展做好铺垫，引领新区教育的绿色化发展。

4. 资源与碳排放

（1）能源利用

根据中心区各建筑类型、能源利用情况，对建筑耗电量、耗水量、耗气

215

量、其他能源使用量（智能电、水、燃气表、集中热水供应量、煤、油、可再生能源等）进行分类，其中耗电量进行分项计量。新区设置城区能耗监测系统，大型公建能耗监测覆盖率100%，所有大型公共建筑均须接入系统，并将数据传输至桂林市数据中心，实现全程能耗监控，节约能源。（图2-11-12）。

图2-11-12　太阳能生活热水利用布局与利用形式

中心区可再生能源主要利用形式以太阳能、浅层地能等技术为主。中心区居住建筑可再生能源利用形式以太阳能热水技术为主，办公建筑采用地表水源热泵供冷和生活，示范性应用太阳能光伏技术。中心区可再生能源利用率为14.46%，其中太阳能生活热水占比为11.04%，太阳能光伏发电占比为0.43%，地源热泵占比为2.99%。

（2）建筑节能

中心区59.85%的地块执行高标准的建筑节能设计标准（即设计节能率高于60%），总建筑面积为1 899.9万m²，高标准面积1 136.9万m²，面积比为59.85%。自2019年起，中心区执行自治区全面执行建筑节能强制性标准的要求，确保2019年全区城镇新建建筑在设计阶段和施工阶段执行节能强制性标准的比例分别达到100%和99%。发布实施广西《65%居住建筑节能设计标准》和《65%公共建筑节能设计标准》，加快推动全区城镇建筑新建建筑由节能50%强制性标准提升至节能65%强制性标准。

（3）水资源与水环境

临桂新区在全区规划建设市政中水系统，以临桂污水处理厂尾水作为原水，根据需要深度处理为中水，供给工业冷却水、水系补水、城市绿化以及市政用水等城市杂用水。中心区非传统水源补给水以再生水为主，雨量丰沛时，对雨水进行资源化利用。在中心区既有道路管线综合规划基础上，新增中水管道布置在道路中央的绿化带上或道路红线外的绿化带内。中心区再生水供水能力满足

100% 再生水需求，再生水管网覆盖率 100%；设计用水量为 9.92 万 m³/d，再生水用量为 2.379 万 m³/d，再生水利用率为 23.98%。

（4）固废资源利用

中心区基本建立生活垃圾分类相关法规、规章和标准体系，分类范围内生活垃圾得到有效分类，资源化利用率 80% 以上、无害化处理率 100%。依据建筑垃圾的来源、是否可用性质、处理难易度等进行分类收集，将其中可再利用或可再生的材料进行有效回收处理，重新用于生产，建筑垃圾资源化利用率不低于 30%。

（5）碳排放

经计算，中心区建成后建筑、交通、市政基础设施运营过程中 CO_2 排放量约为 108.26 万 tCO_2。中心区实施建筑节能、高效市政等有效降碳措施，并在此基础上实施可再生能源利用、绿化固碳等措施，减少中心区运营的二氧化碳排放，经核算中心区年可降低 CO_2 排放量约 58.73 万 tCO_2，中心区建成运营后，年实际二氧化碳排放量约为 49.53 万 t，详见表 2-11-3。

表 2-11-3　中心区各项碳排、降碳量统计表

项目	CO_2 排放量 / 万t	CO_2 减少量 / 万t
建筑	74.22	/
交通	28.25	/
市政	5.79	/
可再生能源	/	15.66
绿化	/	43.07
合计	108.25	58.73

经计算，中心区建成后人均碳排放为 1.96 tCO_2/（人·a），单位地域面积碳排放为 8.34 万 tCO_2/（km²·a），单位生产总值 CO_2 排放为 0.60 tCO_2/（万元·a）（约 0.24 tce/ 万元）。

5. 绿色交通

倡导绿色出行方式，创建可持续交通系统的典范，提出"快速机动走廊 + 活动性干道 + 外围快速道路"的区域路网结构和布局方案，同时布局 3 条大容量公交线路和众多公交专用道，以及三块板以上的道路比例达到 82.71%。

（1）道路系统

整个道路系统分为城市主干路、城市次干路、城市支路三级，其中机场路、万平路、万福路构成外围路网，承担片区外围交通；临桂大道、世纪大道、西城大道，是临桂新区中心区的主要干道；凤凰西路、公园北路、山水大道、环西路、凤凰北路等道路作为中心区的服务型干道；其他道路是整个片区路网重要的补充部分（图 2-11-13）。

图 2-11-13　路网规划

（2）慢行系统

遵循低碳总体规划和临桂新区生态城市规划，临桂新区中心区区域贯彻将城市交通发展模式从"车本位"转化为"人本位"的理念，结合城市宏观规划体系，发展优质的步行网络，同时在微观设计上，，从各个层面提高行人、非机动车道设施服务水平，将该区向"步行友好型城市"发展，从而提高城市道路整体服务水平。慢行系统的规划原则包括：安全性原则、连续性原则、方便性原则、舒适性原则（图 2-11-14）。

图 2-11-14　步行系统布局

（3）公共交通

公交规划符合临桂新区中心区城市发展规模、用地布局和道路网规划，满足片区生态可持续发展的需要，扩大服务范围；在科学预测片区总体交通需求和公交客运需求的基础上，确定公交方式、车辆数量、线路网结构，使公交客运能力满足高峰客流需求；合理规划公交换乘枢纽、场站设施，使城市公交运营规模与城市发展目标相符；提高公交服务水平，科学地进行调度管理，提高运营效率。主要的公共交通包括大运量公交、干线公交、次干线公交、社区公交。

（4）静态交通

根据临桂新区中心区土地利用性质、经济及社会发展趋势、道路交通条件和停车需求特征，停车发展的总体思路为：有限供给、适度发展、配建为主、重在管理、严格执行。主要战略及对策包括：①建立停车管理政策与法规体系，严格落实停车设施建设、管理政策。②科学实施停车管理，引导居民采用公交出行。③实施灵活的停车收费制度。④建立停车资源调节机制。

交通管理与交通建设同等重要。两者的有机结合，相辅相成，交通系统的运输效率才能得到充分发挥。目前交通管理模式主要有两类：交通需求管理（TDM）和交通系统管理（TSM）。临桂新区中心区应用的交通管理措施包括：用地调整、交通枢纽、经济杠杆、行政手段、交通系统智能化管理、公共交通管理、停车系统管理、道路交通组织和智能交通诱导、交通管理决策支持系统等。

6. 信息化管理

通过临桂新区中心区智慧城市的建设，为"智慧桂林"建设做好衔接，使新区管理与服务更加高效便捷，新区建设更加智能、科学，产业结构实现高端化与轻型化转型，"智慧旅游""智慧生态"建设成效显著，塑造新一代山水生态名城的形象，为桂林市地区旅游、城市管理提供示范经验。

（1）智慧交通规划

智慧交通以信息的收集、处理、发布、交换、分析、利用为主线，为交通参与者提供多样性的服务。诸如动态导航，可提供多模式的城市动态交通信息，帮助驾驶员主动避开拥堵路段，合理利用道路资源，从而达到省时、节能、环保的目的。

（2）智慧环境规划

环境监测自动化建设工作是城市化发展过程中环境建设的一项重要工作，是环境执法科学管理的重要手段。依托环境监测、自动控制、通信、电子及计算机等先进技术，通过对水、电和大气污染源数据的收集和信息综合，实现污染源管理的信息化和自动化（图2-11-15、图2-11-16）。

（3）智慧能源规划

智慧能源通过对能源供应和能源消耗监测设备采集的数据、分布式能源监

图 2-11-15　空气监测点布局图

图 2-11-16　水质监测点布局图

测系统对接的数据、与上级系统及横向部门对接的数据的整合，实现能源运行管理、能耗监测、节能管理、碳排放管理、辅助决策等功能于一身的能源综合管理平台。从而提高整体能源利用效率，保证城区能源安全和促进节能减排。

（4）智慧水务

智慧水务是通过数采仪、无线网络、水质水压表等在线监测设备实时感知城市供排水系统的运行状态,并采用可视化的方式有机整合水务管理部门与供排水设施,形成"城市水务物联网",并可将海量水务信息进行及时分析与处理,并做出相应的处理结果辅助决策建议,以更加精细和动态的方式管理水务系统的整个生产、管理和服务流程,从而达到"智慧"的状态。

（5）智慧应急与安全

智慧安全、应急系统通过集成的信息网络和通信系统将公安、地质、林业、水利、城管、安监、消防等突发事件应急指挥与调度集成在一个管理体系中,通过共享指挥平台和基础信息,实现统一接警、统一指挥、联合行动、快速反应,为市民提供更加便捷的紧急救援及相关服务,以综合通信为纽带(计算机网络、有线通信网、无线通信网以及它们之间的互联),以联合指挥为核心,以接处警为重点,集信息获取、信息传输、信息利用、信息发布于一体,并借助各种辅助系统进行决策的系统。

7. 产业与经济

临桂新区主要划分四大区域,其中临桂新区中心区为临桂县现状建成区和总体规划确定的工业园区之外的用地。定位为桂林旅游集散中心,无工业用地。主要发展行政综合服务、商务办公、商务金融、文化娱乐等城市公共服务职能。

临桂新区中心区全面落实产城融合发展理念,统筹规划包括产业集聚区、人口集聚区、综合服务区、生态保护区等在内的功能分区。实现产业发展、城区建设和人口集聚相互促进、融合发展。规划产城融合比例达 0.9 以上。

桂林市规划逐步形成战略性新兴产业稳步推进、健康发展的基本格局,规划新兴产业增加值占地区生产总值比重达到 15% 以上。全市深入贯彻绿色发展理念,大力发展循环经济。推进节能减排和资源再利用,构建农业、工业和服务业循环经济体系,促进三次产业循环互动,培育发展具有桂林特色的循环经济产业体系。推广农业循环经济模式,推进废弃物处理资源化利用。全面推行企业清洁循环生产。打造工业循环经济。临桂新区中心区以低碳、环保、节能、循环的原则为导向,促进产业可持续发展能力建设。重点推进生活性服务业绿色循环发展、促进公共服务循环化发展,详如图 2-11-17、图 2-11-18所示。

临桂新区中心区低碳发展目标为:优化城镇产业布局。加快城区产业升级,突出高端化、集聚化、融合化、低碳化,增强自主创新能力,形成以服务经济为主的产业结构。将临桂新区中心区打造成宜业宜居的产城融合发展新基地。深入实施生态文明战略,推进绿色发展、循环发展、低碳发展,打造美丽生态临桂。规划单位地区生产总值能耗降低率达到 4.32%,单位生产总值水耗降低率达到 8.37%。

图 2-11-17 临桂新区中心区功能分区

图 2-11-18 一院两馆实景照片

8. 人文

（1）以人为本

临桂新区的规划建设鼓励公众的参与，参与形式主要包括：设计方案网上公开征集、方案和规划评审遴选，方案调整公示、市政府汇报会、规划小组讨论会、设计方案展览会、公示意见反馈公布、调查问卷、新闻发布会等；参与机构包含政府机构，非政府机构，专业机构和居民等。公众可以参与规划设计的全过程。网上方案和规划公示让公众实时了解临桂新区的规划。

人行天桥和地道应设置适合自行车推行及为残障人群使用的坡道，有条件的应安装电梯、自动扶梯。在临桂新区中心区的全部过街天桥和道中，安装电梯、自动扶梯的应多于 30%。为方便残障人士出行，方便盲人获知过街信号，安全通过人行横道，同时为弱视及色盲人群提供便利，所有人行横道设置盲人过街语音信号灯。同时，临桂新区中心区应合理设置夜间行人按钮式信号灯。

（2）生态技术展示

建立临桂新区规划展示馆，建立多样、有效的宣传、教育模式与平台，如低碳知识宣讲、展示展览，节能宣传周等活动，唤醒人们的环保意识，让人们对绿色出行的意义和方式、如何节能节水节材、垃圾该如何分类、废旧物品该怎么再利用等具体的操作有清楚的了解，引导居民建立环保、健康、文明的生产生活方式，有效降低能耗和水耗，减少温室气体排放。

（3）历史文化

城区现状规划内存有大量非物质文化遗产，在非遗保护方面，临桂新区不仅积极保护、申报各类非遗，还在人民群众的日常生活中举办宣传非物质文化遗产，宣扬本土文化。如农民彩调大赛、"千团万村"下乡演出活动等。

2.11.5　低碳发展效益

临桂新区中心区可再生能源主要利用形式以太阳能、浅层地能等技术为主。中心区居住建筑可再生能源利用形式以太阳能热水技术为主，办公建筑采用地表水源热泵供冷和生活，示范性应用太阳能光伏技术。中心区可再生能源利用率为 14.46%，其中太阳能生活热水占比为 11.04%，太阳能光伏发电占比为 0.43%，地源热泵占比为 2.99%。

中心区再生水供水能力达到 100% 满足再生水需求，再生水管网覆盖率 100%；设计用水量为 9.92 万 m³/d，再生水用量为 2.379 万 m³/d，再生水利用率 23.98%。

桂林市临桂区人民政府印发了关于《临桂新区绿色生态发展模式投融资机制的实施意见》，构建了完善的绿色生态发展投融资机制，实现新区绿色生态发展与高效可持续发展。目前临桂新区内通过公私合作（PPP）模式开展的项目有桂林市第二水源工程—引水工程子项工程和桂林国际会展中心项目，桂林国际会展中心项目已批复 PPP 实施方案。

为了推动临桂新区绿色建筑规模化发展，临桂新区管委会设立了绿色生态城区专项资金，专项资金用于：①补助绿色建筑建设增量成本；②城区绿色生态规划编制、指标体系的制定、相关课题研究；③绿色建筑评价标识认证及能效测评等费用；④技术标准、规范的编制，新技术的开发和推广应用；⑤绿色建筑咨询费用；⑥绿色生态城区的展示、宣传、培训费用；⑦绿色生态城区建设的其他费用。另外，桂林市应对气候变化及节能减排工作设立了桂林市节能减排专项资金，对重点节能项目、资源节约综合利用方面项目、污染减排方面项目、节能减排降碳综合工程方面项目予以资金支持。

2.11.6　获得荣誉与奖项

2020 年桂林临桂新区获得中国绿色生态城区三星级评价，桂林市临桂新区将会是广西壮族自治区第一个获得此殊荣的城区。临桂新区一院两馆（图 2-11-19）包括桂林大剧院、桂林博物馆、广西桂林图书馆以及附属设施文化广场，是桂林市文化项目建设中的第一个 BT（"建设—移交"模式）项目，经过近 4 年的建设（2010—2014 年）建成，其中桂林博物馆于 2020 年 12 月被评定为第四批国家一级博物馆。

图 2-11-19　一院两馆实景图

2.12　海宁鹃湖国际科技城

2.12.1　项目亮点

城区充分利用鹃湖景观资源，植被与绿化繁茂，形成蓝绿交织的特色生态脉络；教育、养老、社区商业服务设施布局合理，居住区便捷性高；具有较好的水资源利用规划及完善的水务管理机制，合理控制管网漏损率，2019 年管网漏损率低至 4.92%；城区规划建立数字驾驶舱，汇聚环境、生态、能源、交通、建筑等运行数据，建立信息共享的保障机制和基于城区大数据应用平台的管理体制；立足本地产业规划，充分发挥浙江大学国际联合学院（海宁国际校区）的优势，通过产学研联动，大力引育高端科技和顶尖人才，形成

"大学 + 科技城 + 产业"驱动发展新格局，入选"十三五"浙江产城融合十大示范新城。

专家点评：项目充分考虑生态环境的保护和可持续发展的原则，利用鹃湖的蓝绿景观资源和浙江大学国际联合学院（海宁国际校区）的产业发展优势，规划设计了点线面多维形式的网络化生态绿地系统及独特的"大学 + 科技城 + 产业"产业发展路径，编制了多个绿色生态城相关的规范和技术导则，建设了智慧化、综合化的城区信息系统与平台，是生态环境优美，服务设施便捷，产学研协同发展的绿色生态城区。

2.12.2　项目简介

海宁鹃湖国际科技城位于浙江省海宁市，南起袁硖港，北至长山河及河畔湿地，东起环城东路，西至碧云路。科技城依托浙江大学国际联合学院（海宁国际校区），内有鹃湖，地理位置优越。核心区规划总建设用地规模约为 7.81 km²，总建筑面积约为 539 万 m²，绿地率约为 36.5%。地处亚热带季风气候区，四季分明，冬夏较长，春秋较短，降水季节变化明显，光温同步，雨热同季。常年平均气温 15.9℃，年均降雨量 1 187 mm，日照 2 002.9 h，无霜期 233.5 d。城区现状以居住、商业、教育用地为主，规划充分利用鹃湖景观资源，控制建筑高度，发挥基地现有良好的蓝绿网优势，形成蓝绿交织的特色生态脉络（图 2-12-1）。项目由海宁鹃湖国际科技城管理委员会和浙江大学建筑设计研究院有限公司共同设计，由浙江大学建筑工程学院绿色建筑与低碳城市建设研究中心完成绿色生态城区规划咨询工作。2021 年 6 月依据《绿色生态城区评价标准》（GB/T 51255）获得绿色生态城区规划设计阶段三星级认证。

图 2-12-1　海宁鹃湖国际科技城效果图

项目进度：①鹃湖科技创新园已投入使用；②鹃湖科技城电子信息创新园主体结顶、幕墙施工完成，计划于 2023 年完工；③鹃湖科技城生命健康创新园项目主体结顶，幕墙施工中，计划于 2023 年完工；④环球贸易中心（国际酒店）主体已全部结顶；⑤宏达国际学校主体已全部结顶，建筑外立面处于安装施工中，计划 2023 于年完工；⑥区域配套逐步完善：现已新建市政道路 5 条，增设公共自行车点 3 个，新设基站 3 个。

2.12.3 关键技术指标

（1）生态宜居的自然环境

城区建设有繁茂的植被与绿化，绿地率达 36.53%，水域面积 1.48 km²，大面积绿地和水体的调节使得热岛强度仅为 0.7℃。

（2）高密度的绿道网络

城区地面步道以绿道系统和步行设施为载体，经测算总长度为 22 633 m，远高于《绿色生态城区评价标准》（GB/T 51255）中"总长度达到 5 km"的要求。绿道结合城市景观、绿化和公共空间，串联水体、公园和绿地，无缝衔接了居住区、公共服务设施和生态景观，给市民提供了一个良好的休闲游憩场所。

（3）城区大数据管理

城区建立了数字驾驶舱，数字驾驶舱包含了：驾驶舱支持系统、智慧政务、社会治理和信用监管等 21 项功能，汇聚城区的环境、生态、能源、交通、建筑等运行数据，以提高城区的运营质量为目标，分析数据发现问题，提出实时优化运行措施，同时规划了信息共享的保障机制与城区大数据应用平台的管理体制，以提高城区的运营质量。

（4）高效的节水措施

城区通过加强深化区域计量工作、成立专业的检漏队伍、加强计量管理、加强供水监察和巡检力度、加强管网巡检维护工作、提高抢修及时率、加大大用户管理等措施，合理控制管网漏损率。在 2019 年，全市管网漏损率已达 4.92%，远高于城区供水管网漏损率不大于 6% 的目标值。同时城区通过雨水回用实现了非传统水源利用，非传统水源用于绿化浇灌、硬质铺装冲洗，利用率达 6%。

（5）高新产业定位

鹃湖国际科技城立足本地产业规划，充分发挥浙江大学和浙江大学国际联合学院（海宁国际校区）的优势，通过产学研联动，大力引育高端科技和顶尖人才，聚焦泛半导体、生命健康、现代服务业三大产业，形成"大学＋科技城＋产业"驱动发展新格局。重点聚焦芯片设计、半导体元器件、半导体基础材料等泛半导体产业以及生物材料、医疗器械、生物医学技术和健康服务等前沿生物医学产业，打造大湾区的"硅谷"打造和国际一流生物医学创新示范基地。关键指标参见表 2-12-1。

表 2-12-1　海宁鹃湖国际科技城项目关键指标

指标	数据	单位或比例等
绿地率	36.53	%
节约型绿地建设率	93.20	%
综合物种指数	0.60	/
本地木本植物指数	0.80	/
年空气质量优良日	333	天
$PM_{2.5}$ 平均浓度达标天数	346	天
城市热岛效应强度	0.70	℃
功能区最低水质指标	达到Ⅲ~Ⅱ类	/
环境噪声区达标覆盖率	100	%
城区供水管网漏损率	4.92	%
非传统水源利用率	6	%
绿色交通出行率	75	%
年径流总量	76	%
新建民用建筑中二星级以上绿色建筑在新建建筑面积中的占比	96	%
新建大型公共建筑中二星级以上绿色建筑在新建建筑面积中的占比	93	%

2.12.4　主要技术措施

海宁鹃湖国际科技城以打造 G60 科创走廊重要策源地为目标，深挖集聚浙江大学等世界一流大学（学科）创新资源，省市县三级联动，引进培育一批高水平创新载体和新型研发机构，充分借力浙江大学和浙大国际联合学院资源优势，形成"产学研"联动的发展新格局，着力打造人文科技氛围浓厚的生态新城。

1. 土地利用

（1）混合用地开发

在交通枢纽及各公交站点周边采用 TOD 模式布置混合用地，以居住商业混合用地、居住用地、教育用地、科研办公用地等为主，使城区形成以公交导向的混合用地布局模式。城区内公共交通站点共 32 个，其中轨道交通站点 3

个。经计算，站点周边 500 m 范围内采取混合开发的比例约为 94%。

（2）道路规划布局

城区内部交通系统由主干路、次干路和支路三级道路及完整的慢行系统构成。主干路为内部主要的交通性道路，形成"三横两纵"的交通网络格局；次干道为内部沟通性道路，服务于内部较多地块；支路为组团内部生活性道路，服务于少量地块。经计算，城区内部路网密度为 6.23 km/km²。

（3）居住区公共服务设施

城区规划范围内共有教育服务设施 9 处，养老服务设施 11 处，社区商业服务设施 22 处（图 2-12-2）。规划根据《绿色生态城区评价标准》（GB/T 51255）规定的服务半径覆盖用地面积比例要求，保证居住区公共服务设施具有较好的便捷性。

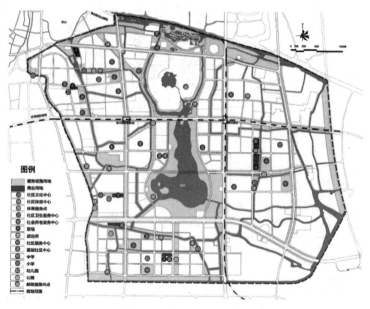

图 2-12-2　公共配套服务设施规划图

（4）公共开放空间

城区公共开放空间以广场和公园为主，以运动场和小型公园为辅，在城区内均匀分布，具有可达性较好、辐射影响范围大的特点。

规划本着"以点带面"的原则布局绿化用地。绿地系统以鹃湖为中心，围绕鹃湖布置环鹃公园，以规划水系为节点形成生态湿地公园、街区公园等公共开放空间，并利用滨水绿带串联各公共开放空间，形成点线面多种形式结合的网络化绿地系统（图 2-12-3）。经计算，城区内绿地总面积约为 2.86 km²，占总用地面积的比例约为 36.5%。

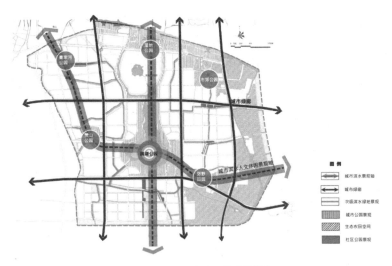

图 2-12-3　景观系统规划图

（5）城市设计

在"一湾双核、十字组团"的城市结构下，规划围绕长山河、鹃湖形成"T轴展开、水绿交融"的风貌结构，突出"国际风尚、现代都市、水乡风韵、生态风光"四大风貌特色（图 2-12-4）。

图 2-12-4　海宁国际科技城夜景图

其中国际风尚街区主要位于鹃湖公园南北两侧的中轴线上，即浙大国际校区和国际社区，是城市展示国际科创形象的主要腹地；水乡风韵街区主要位于环鹃湖及周边地区，是集城市休闲慢生活、文化体育和社交活动的城市阳台；现代都市街区主要位于海州路、环城东路沿线以及各组团中心地区，为提高街区活力使之更宜居；生态风光街区主要位于湿地公园、林地公园、城市公园等大型开敞空间内，以生态优先为原则，嵌入性地开发文创、办公、休闲等多样化建筑与公共空间，打造生态休闲与综合功能开发板块。

2. 生态环境

（1）节约型绿地建设

《海宁市海绵城市专项规划》要求雨水资源化利用率为5%，雨水再生利用的重要用途为绿化浇灌。本项目编写了《海宁鹃湖国际科技城海绵城市建设实施方案》，要求公园绿地全部采用喷灌、滴灌等节水浇灌方式。《城市园林绿化评价标准》（GB/T 50563）中规定，公园绿地、道路绿地中采用微喷、滴灌及其他节水技术的灌溉面积大于等于总灌溉面积的80%，可称为节约型绿地。本项目公园绿地与道路绿地总面积约为 2.34 km^2，所有的公园绿地均符合节约型绿地的要求，节约型绿地建设率约为93%（图 2-12-5）。

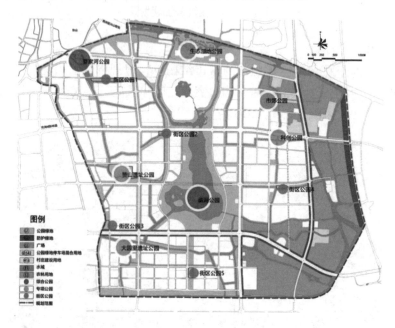

图 2-12-5　绿地公园规划图

（2）环境质量

根据本项目编撰的《海宁紫薇组团（暨鹃湖国际科技城）控制性详细规划》中的环境保护规划要求：地面水环境质量达到国家《地表水环境质量标准》（GB 3838）Ⅲ到Ⅱ类水质标准，其中鹃湖水质须达到Ⅱ类水质标准，总磷和五日生化需氧量均低于海宁市其他河流平均标准。

城区内各功能区的噪声环境质量均达到国家《声环境质量标准》（GB 3096）

规定要求，生活区噪声平均等效声级日间不高于 55 dB（A），夜间不高于 45 dB（A），交通干线两侧噪声平均等效声级日间不高于 70 dB（A），夜间不高于 55 dB（A）。

2019 年，城区全年环境空气优良率平均值达到 91.7%，PM2.5 年平均浓度为 0.036 mg/m³。

根据《中国土壤氡概况》可知，嘉兴市位于土壤氡低背景区（≤5 000 Bq/m³），城区土壤氡浓度检测全部合格。

（3）垃圾分类收集、无害化处理

城区内的垃圾收集、密闭运输、无害化处理严格按照《海宁市高质量推进城乡生活垃圾分类减量工作行动方案》执行，所有垃圾均采用 100% 清洁直运，进行回收利用或 100% 无害化处理（图 2-12-6）。本区域目前日产餐厨垃圾约 6t，用于厌氧发酵资源化；日产其他垃圾约 15t，用于炉排炉焚烧发电。

图 2-12-6　垃圾分类

3. 绿色建筑

本城区的发展定位为：①浙江省推广绿色建筑的重点城市；②海宁推进"两富""两美"现代化城市建设的重要支撑；③海宁建筑业绿色发展的主要抓手。具体发展目标为：至 2025 年，市区新建民用建筑按二星级及以上绿色建筑强制性标准建设的建筑面积占新建建筑比例达到 30% 以上，其中按三星级绿色建筑强制性标准建设的建筑面积占新建建筑比例达到 4% 以上。

东区书院于 2018 年 4 月获得二星级绿色建筑设计认证标识（图 2-12-7）。东区书院建筑面积为 1.39 万 m²，建筑节能率为 65%，年节省电耗为 24 109 kWh，折合标煤 7.95 tce。书院平均日热水量为 209.75 m³/d，书院配置空气源热泵热水机组提供热水，项目总配置约 702 kW 空气源热泵，可满足 100% 生活热水使用要求，综合空气源热泵热水系统全年可节省电量为 2 411 601 kWh，折合标煤 795.8 tce。可再循环建筑材料用量比为 5.59%。

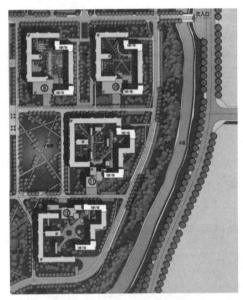

图 2-12-7　东区书院规划图和绿建设计标识证书

　　教学北区、南区于 2018 年 4 月获得二星级绿色建筑设计认证标识（图 2-12-8）。教学北区、南区建筑总面积为 15.63 万 m²，建筑节能率为 65%，年节省电耗为 521 599 kWh，折合标煤 172.13 tce。本项目可再生资源利用将整个海宁校区统筹考虑布置，校区的可再生能源综合利用量满足相关标准规定。教学南区及北区方面可再生能源利用采用了 30 kW 光伏板和地源热泵。可再循环建筑材料用量比为 4.89%。

图 2-12-8　教学北区、南区规划图和绿建设计标识证书

4. 资源与碳排放

（1）分项计量

利用海宁市能源与碳排放信息管理系统，对大型公共建筑和国家机关单位办公建筑实行用电分项计量，并将能耗数据上传至能耗监测平台，实现对建筑内部不同区域、不同设备能耗信息的实时采集和记录，通过定期统计与分析，便于管理人员在不同时间段、不同负荷情况下分时制定节能方案。

（2）可再生能源利用

新建居住建筑采用太阳能热水，公共建筑采用太阳能光伏发电等可再生能源系统。

（3）水资源利用

基于当地自然环境、区域定位、规划理念、经济发展等多方面条件，参照《海宁市海绵城市专项规划》将年径流总量控制率目标设定为 76%，相对应设计降雨量为 22 mm。排水采用雨污分流制，平均日污水处理量约为 1.7 万t/日，污水纳入海宁市城区污水系统（图 2-12-9）。通过设置雨水收集池、雨水桶，或者利用景观水体等方式，进行雨水回收，用于绿化浇灌、道路冲洗、景观水补水、洗车等；结合景观设计，设置下凹式绿地、生物滞留带、雨水花园、生态树池等设施；通过横、纵断面设计，并通过设置排水路缘石、开口路缘石等方式，将径流雨水引导至道路绿化带中的下凹式绿地。

图 2-12-9　污水工程规划图

233

（4）降低管网漏损率

城区针对降低管网漏损率采取以下措施，实现管网漏损率小于6%：①加强深化区域计量工作，建立OMA分区计量系统；②成立专业的检漏队伍，每个水务营业所均有一支检漏队伍，并配备先进的检测设备；③加强计量、监察管理与维护工作，把管网分区域落实到人；④提高抢修及时率；⑤加强用户管理，建立健全的大客户制度。

（5）低碳排放的城区建设

根据《海宁鹃湖国际科技城低碳实施方案》的估算，规划年海宁鹃湖国际科技城城区全年碳排放量为23.82万tCO$_2$/a，人均碳排放量为5.54 tCO$_2$/（人·a），单位生产总值碳排放量为0.33 tCO$_2$/（万元·a）。满足到2030年，海宁鹃湖国际科技城人均碳排放量较2019年海宁市人均碳排放量降低60%以上，即人均碳排放量降低到5.60 tCO$_2$/（人·a），单位生产总值碳排放量为0.48 tCO$_2$/（万元·年）的远期减碳目标。城区年碳排放量计算表见表2-12-2。

表2-12-2　城区年碳排放量计算表

行业	年碳排放量（tCO$_2$/a）	占比/%
建筑	145 658.84	60.44
产业	88 252.57	36.62
交通	4 459.17	1.85
市政	1 706.33	0.71
水资源	15 679.42	6.51
固废物	5 309.31	2.20
景观绿化	−20 070.6	−8.33
合计	238 249.63	100.00%

5. 绿色交通

（1）绿色交通出行

根据路径空间分布特征、设施特点和功能需求，以步行通达、连贯性为目的，规划各类步行路径、步行过街设施和立体步行设施共同构成完整的步行交通网络。

利用公交干线串联老城与新开发区东西向联系，公交支线围绕社区与环湖公共片区，打造便捷高效的公交线路网（图2-12-10）。将自行车交通发展作为中短距离出行的主要交通方式和市民的休闲健身方式，与公交协调发展。

（2）道路与枢纽

城区内主要交通节点枢纽均设置城际铁路站、公交枢纽站、公交首末站、

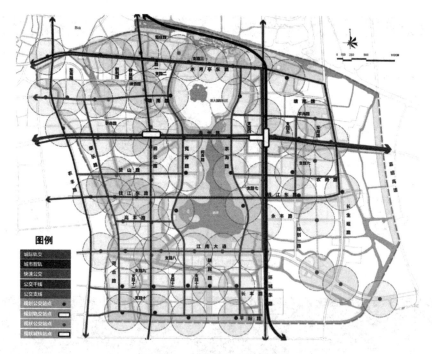

图 2-12-10　公共系统规划图

自行车租赁点可实现多种交通工具快捷换乘，提高出行效率，减少能源消耗。

（3）静态交通

根据《绿色生态城区评价标准》（GB/T 51255），新建住宅配建停车位均预留了充电设施建设安装条件，大型的新建公共建筑（>2 万 m^2）设置配建停车场和公共停车场，并保证 10% 以上的停车位配备充电设施。

（4）交通管理

城区根据海宁市城市规模与发展定位，为减少机动车交通出行量，设计新能源车购买奖励机制以及合理的公共交通票价，并制定全年度公交优惠换乘措施，促进居民停车换乘公交的积极性。同时，通过提高地面机动车停车费以限制机动车出行。

6. 信息化管理

海宁鹃湖国际科技城信息化管理平台主要分为两个部分，一个是基础平台内容，另外一个是信息化管理子系统。基础平台内容提供数据中心平台、综合监控系统、运维管理服务系统和平台门户系统，为各个信息化管理子系统做支撑和保障。信息化管理子系统包括：能源与碳排放信息管理系统（图 2-12-11）、绿色建筑信息管理系统（图 2-12-12）、智慧公共交通信息平台、公共安全系统、环境监测信息系统、城市水务信息管理系、城市道路监控与交通管理系统、城市

图 2-12-11　海宁国际校区能源与碳排放管理系统

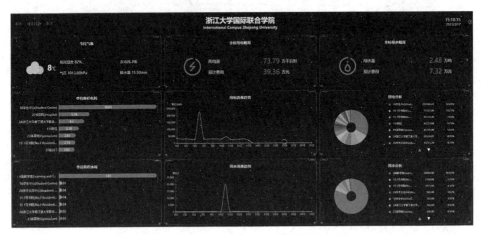

图 2-12-12　海宁国际校区绿色建筑信息管理系统

停车信息化管理系统、市容卫生信息化管理系统、地下管网信息管理系统、道路与景观的照明节能控制系统。

7. 产业与经济

　　海宁鹃湖国际科技城从产业趋势、产业基础、产业规划、浙大资源、区域条件等方面综合评判，重点发展信息技术、健康产业和新材料三大科创类产业。同时，结合鹃湖旅游资源优势发展旅游产业，并根据实际招商情况备选发展节能环保、高端装备、新能源和汽车零部件等多项科技研发产业（图 2-12-13）。

项目适宜发展产业筛选（产业发展适宜度分析）								
产业	产业发展趋势	区域产业基础	区域产业规划	浙大资源匹配	区域环境条件			发展建议
					区位匹配	环境友好度	空间载体	
信息技术	☆☆☆☆☆	☆☆☆☆	☆☆☆☆☆	☆☆☆☆☆	☆☆☆☆	☆☆☆☆☆	☆☆☆☆☆	建议重点发展
大健康产业	☆☆☆☆☆	☆☆☆☆	☆☆☆☆☆	☆☆☆☆☆	☆☆☆☆☆	☆☆☆☆☆	☆☆☆☆☆	
新材料	☆☆☆☆☆	☆☆☆☆☆	☆☆☆☆☆	☆☆☆☆☆	☆☆☆☆☆	☆☆☆☆☆	☆☆☆☆	
节能环保	☆☆☆☆☆	☆☆☆☆☆	☆☆☆☆☆	☆☆☆☆☆	☆☆☆☆☆	☆☆☆☆	☆☆☆☆☆	建议备选发展
高端装备	☆☆☆☆☆	☆☆☆☆☆	☆☆☆☆☆	☆☆☆☆☆	☆☆☆☆☆	☆☆☆☆	☆☆☆☆☆	
新能源技术	☆☆☆☆	☆☆☆☆☆	☆☆☆☆☆	☆☆☆☆☆	☆☆☆☆☆	☆☆☆☆☆	☆☆☆☆☆	
汽车及零部件研发	☆☆☆☆	☆☆☆☆☆	☆☆☆	☆☆☆	☆☆☆☆☆	☆☆☆☆	☆☆☆☆	

图 2-12-13　海宁鹃湖国际科技城产业发展适宜度分析

（1）资源节约环境友好

根据《海宁鹃湖国际科技城产业发展实施方案》至规划末期，城区的单位地区生产总值能耗为 0.24 tce/ 万元生产总值，相比基准年能耗降低约 1.7%。城区的单位地区生产总值水耗为 12.21 m³/ 万元生产总值，相比基准年降低约 3.5%。

（2）产业发展

海宁鹃湖国际科技城围绕"生态化、国际化、智能化、高端化"的发展愿景，结合海宁产业发展方向以及浙大国际校区学科优势，明确泛半导体、生命健康和现代服务业三大主导产业，紧紧围绕主导产业招商引才，推动高端科技人才项目加速集聚。自成立以来，区域内完成投资超 100 亿元，累计引进中科院海宁先进半导体与智能技术研究院、奕斯伟集成电路设计研发基地、全球检测行业龙头英国天祥集团等各类招商引才项目近 200 个，累计引育高层次人才 172 人（国家级人才 23 人，省级人才 46 人），累计培育国家高新技术企业 28 家、省级科技型中小企业 117 家、规（限）上企业 28 家、省工程研究中心 3 家、海宁市级以上研发中心 23 个。

根据规划目标，规划年城区生产总值为 33.76 亿元，第三产业产值占总产值的 80% 以上。规划年城区能为 4.8 万人提供就业岗位，城区在业人口约为 2.5 万人，职住平衡比约为 1.94。城区未来需要吸引更多的年轻人来当地生活就业，实现真正的职住平衡。

8. 人文

（1）以人为本

城区的规划建设鼓励公众参与规划设计的全过程，参与形式主要包括：方案和规划公示、规划公众听证会、规划评审、调查问卷、街头访问、展示平台、沙盘等（图2-12-14）。网上方案和规划公示让公众实时了解城区的规划建设动态。

图 2-12-14　规划设计方案展示平台、沙盘

（2）绿色生活

本项目编制了《海宁鹃湖国际科技城绿色生活与消费导则》，计划从绿色理念、绿色餐饮、绿色出行等八个方面对居民的绿色生活与消费进行科普，并提出指导性建议。通过倡导居民使用绿色产品、参与绿色志愿服务，引导民众树立绿色增长、共建共享的理念，促进居民养成自然、环保、节俭、健康的生活方式。

（3）绿色教育

城区内中小学和高等学校获得绿色校园认证的比例达50%。浙江大学海宁国际校区南区西侧教学楼一楼设有绿色生态城区展厅，厅内布置沙盘、墙体及电视等展示载体，展示生态城区等宣传资料。

（4）历史文化

硖石灯彩主要流传于浙江省嘉兴市海宁市硖石街道。2006年入选首批国家级非物质文化遗产国家名录；2019年11月硖石灯彩列入国家级非物质文化遗产代表性项目保护单位名单。在城区内社区服务中心、城市广场等地不定期组织灯彩制作培训班、新年糊灯赛等丰富多彩的文化传承活动（图2-12-15）。

图 2-12-15　硖石灯彩

2.12.5 低碳发展效益

全区规划建设全寿命周期内，最大限度地节约资源（节能、节地、节水、节材），保护环境和减少污染。通过对能源需求分析、常规能源系统优化、建筑节能规划和可再生能源规划的途径来实现对可再生能源、清洁能源的综合利用。

（1）城区规划用能总量折合热量为 471 928 万 MJ，规划可再生能源利用总折合热量为 8 930 万 MJ，可再生能源利用比例为 1.89%。

（2）城区年用水量约为 1 440 万 m^3，非传统水源年用量为 86.42 万 m^3，非传统水源利用率为 6%。

（3）规划年海宁鹃湖国际科技城城区全年碳排放量为 23.82 万 tCO_2/a，人均碳排放量为 5.54 $tCO_2/$（人·a）。满足到 2030 年，海宁鹃湖国际科技城人均碳排放量较 2019 年海宁市人均碳排放量降低 60% 以上，即人均碳排放量降低到 5.60 $tCO_2/$（人·a）的远期减碳目标。

2.12.6 获得荣誉与奖项

鹃湖国际科技城荣获国家绿色生态城区规划设计阶段三星级认证，获评省级双创示范基地，入选"十三五"浙江产城融合十大示范新城、浙江省中英（海宁）国际产业园，科创中心连续两年获评优秀国家级科技企业孵化器。

2.13 湖州市南太湖新区长东片区

2.13.1 项目亮点

传承延续了湖州独特的溇港文化，保留、联通、拓宽了溇港水网，湿地保存率达 156.85%；建设高效便捷的多样化公共交通系统及安全、便捷的步行交通网络，"滨水、滨湖"的绿道支撑系统总长 26.9 km，空中连廊与地面步行空间、地下环路形成立体交通网络，打造人车分流、安全高效的交通环境；提出针对新能源汽车和公共交通的多项优惠政策，引导城区居民绿色出行；制定高标准的绿色建筑建设要求和完善的实施保障机制,推出多种绿色金融产品,打造财政金融综合管理平台,推动新区绿色金融和绿色建筑协同发展,城区内多个建筑单体获近零能耗建筑认证。

专家点评:规划因地制宜,尊重自然现状,延续了太湖流域不同形态的溇港机理,较好地保存并进一步复原了原有湿地空间;充分重视历史文化和古树名木的的保护,庙宇、古桥、古树等历史文化元素得到了较好的留存、保护和再利用;发挥绿色金融试点城市的优势,在城区中探索创新绿色金融支持绿色建筑发展的体制机制,推动绿色金融支持建筑行业绿色低碳发展的良性循环,实现城区内高标准绿色建筑和低碳零碳建筑的示范引领。

2.13.2 项目简介

南太湖新区长东片区位于浙江省湖州市,南起景湖路,北至湖影路及太湖河畔,东起泥桥港路,西至长兜港,地理位置优越。项目总占地面积约为 6.63 km²,总建筑面积约为 603 万 m²。地处北亚热带季风气候区,年平均气温 17.7℃,各地年日照时数为 1 550.4 h,年降水量 1 798.4 mm,年平均相对湿度均在 80% 以上。项目由南太湖新区长东片区建设指挥部投资建设,东南大学建筑设计研究院有限公司和湖州市城市规划设计研究院单位共同设计,由浙江大学建筑工程学院绿色建筑与低碳城市建设研究中心和浙江省建筑设计院共同完成绿色生态城区规划咨询工作。2021 年 9 月依据《绿色生态城区评价标准》(GB/T 51255),项目获得绿色生态城区规划设计阶段三星级认证。

南太湖新区长东片区是提升湖州中心城市能级的重要空间载体,是新时代浙江省代表中国参与全球竞争的较开放的平台。规划瞄准未来湖州城市客厅的目标,对照现代城市"十个一"的基本配置,在尊重和保护现有溇港历史水系,延续南太湖地区水乡的独特肌理的基础上,建设"宜居、宜业、宜创、宜活"的四宜滨湖新城(图 2-13-1),发展以文旅会展、智创研发、商务金融为主导的三大产业,着力打造全国践行"两山"理念的示范区,使之成为绿色生态标杆、创新集聚平台、特色文旅样板及民生幸福高地。

项目进度:①已完成智慧城市、水系与防洪排涝、综合交通、综合管廊、电力设施等 10 余项规划,正在优化提升交通详细规划和基础设施专项规划;②已完成南太湖 CBD、总部经济园、未来社区等重点板块 30 余项设计方案;③"五横三纵"主干道路、次干道路网、综合管廊等一批基础设施项目已启动建设;④已完成二升二山 220 KV 高压线迁改工作,110 KV 南太湖变电所以及配套开关站年内开工建设。⑤总投资 300 亿、建筑面积 300 万 m² 的总部经济

图 2-13-1　湖州市南太湖新区长东片区效果图

园、CBD 区域 40 栋产业楼宇超过一半已结顶；⑥南太湖未来之窗、南太湖智慧科创城等一批重点产业项目都即将开工建设；⑦湖州会展中心、绿地铂睿酒店等项目即将投入使用。

2.13.3　关键技术指标

（1）规划区采用公交导向的混合用地开发模式，推动城市土地利用与交通建设协调发展。建设高效便捷的多样化公共交通系统，提出针对新能源汽车和公共交通的多项优惠政策，引导城区居民绿色出行。

（2）地面步道（总长度约为 26.9 km）以绿道系统和步行设施为载体，绿道系统由区域绿道、片区绿道和社区绿道组成；绿地全面采用节水绿化浇灌方式，推动建设节约型绿地，完善垃圾分类处理流程，保证城区内良好的自然景观环境；

（3）通过制定和实施城乡供水管网改造建设规划，完善供水管网布局，加快老旧供水管网改造；加强公共供水系统运行监督管理，推进城镇供水管网分区计量管理、小区供水 DMA 管理制度建设；深化城市供水计量装置改造，建设水务智慧化管理平台，打造高效节水型生态城区。

（4）制定高标准的绿色建筑建设要求和完善的实施保障机制，并不断推进绿色金融和绿色建筑协同发展。以绿色建筑为载体，推出了"园区贷"等百款绿色金融产品，湖州南太湖新区打造了财政金融综合管理平台"财金通""绿贷通"等，推动新区绿色发展。

（5）通过把握长三角区域产业转移趋势，发挥节点强化效应，大力促进沪江浙皖三省一市协同发展和环太湖城市群合作联动，打造成为长三角一体化发展过程中促进科技转化和产业协同的区域中枢。

关键指标参见表 2-13-1。

表 2-13-1　湖州市南太湖新区长东片区项目关键指标

指标	数据	单位或比例等
绿地率	40.30	%
节约型绿地建设率	84.22	%
功能区最低水质指标	达到Ⅲ到Ⅱ类	/
年空气质量优良日	321	d
PM$_{2.5}$平均浓度达标天数	357	d
城市热岛效应强度	0.9	℃
环境噪声区达标覆盖率	100	%
城区供水管网漏损率	5	%
非传统水源利用率	5.3	%
绿色交通出行率	88	%
年径流总量	80	%
新建民用建筑中二星级以上绿色建筑在新建建筑面积中的占比	61.57	%
新建大型公共建筑中二星级以上绿色建筑在新建建筑面积中的占比	93.97	%

2.13.4　主要技术措施

湖州市南太湖新区长东片区建设深入践行党中央的重要指示精神，对标雄安新区规划建设理念，坚持生态优先、绿色发展，率先高质量开发建设长东片区，为把湖州南太湖新区打造成为全国践行"两山"理念示范区、长三角区域发展重要增长极、浙北高端产业集聚地、南太湖地区美丽宜居新城区奠定坚实基础。

1. 土地利用

（1）混合用地开发

在城际铁路滨湖大道站、3 号线总部园西站及各公交站点周边布置混合用地，以绿化广场用地、商业服务业用地、公共管理与公共服务设施用地、居住用地等为主，使规划区形成以公交导向的混合用地布局模式（图 2-13-2）。居住用地（R 类）、公共管理与公共服务设施用地（A 类）及商业服务业设施用

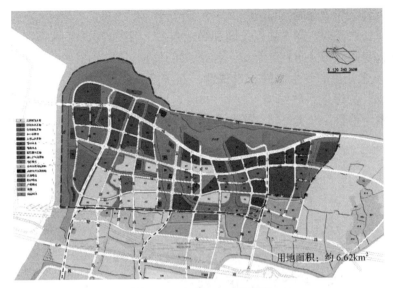

图 2-13-2　土地利用规划图

地（B 类）中的两类或三类混合用地单元的面积之和占规划区总建设用地面积的比例约为 88%。

（2）道路规划布局

规划区内部交通系统由主干路、次干路和支路三级道路及完整的慢行系统构成（图 2-13-3）。主干路为内部主要的交通性道路，规划形成以滨湖大道、景湖路、望湖大道、五湖大道和迎宾大道组成的"两横三纵"交通网络格局。规划区内部路网密度为 7.33 km/km^2，公共交通站点 21 个，站点周边 500 m 范围内采取混合开发的比例为 100%；

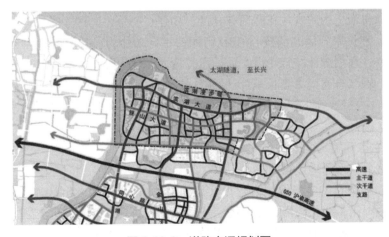

图 2-13-3　道路交通规划图

（3）公共开放空间

城区公共开放空间主要以公园和绿地为主，辅以滨水空间和各类小广场使各个开放空间均匀分布在整个城区各处，可达性较好，辐射影响范围大。绿地系统布局充分考虑到生态性、景观性、经济性，规划构建"三横、两纵、一链、多廊"的绿地系统结构。规划构建以"综合公园 - 社区公园 - 街头绿地"三级体系为重点，专类公园、带状公园为补充的城市公园系统（图 2-13-4）。

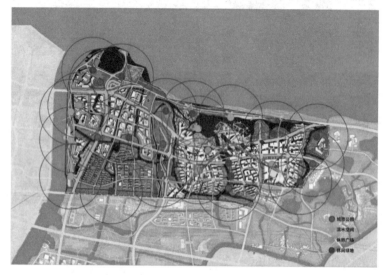

图 2-13-4　城市开放空间规划图

（4）城市设计

规划区重点设计区域为总部经济区和金融会展区（图 2-13-5）。总部经济区是长东分区的西北组团，主导功能为总部经济与商务办公，旨在打造一个根植于蓝绿纽带之中的现代花园商务社区，构建"一带，三区"的功能结构。金融会展区是长东分区北部核心 CBD 组团，主导功能为科技金融、商务办公与会务会展，规划设计结合轨道交通站点打造多样化水陆公共交通，配合"双步行平台"轴线打通南太湖长东片区 CBD 的"任督二脉"，金融街地块通过裙房的围合、中央步行廊道与外围水系绿地的沟通联系，打造高品质可达性的景观空间。

2. 生态环境

（1）节约型绿地建设

根据本项目的《海绵城市建设实施方案》，雨水资源化利用率为 5%，回用雨水主要用于绿化浇灌、硬质铺装冲洗等方面。规划区内绿化浇灌主要采用回用雨水，公园绿地、道路绿地采用微喷、滴灌、渗灌等节水技术，节水灌溉

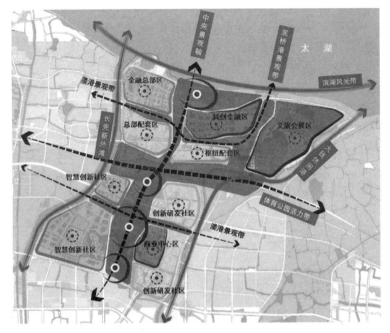

图 2-13-5　长东片区规划结构图

面积大于等于总灌溉面积的 80%。公园绿地与道路绿地总面积为 1.95 km²，所有的公园绿地均符合节约型绿地的要求，因此，节约型绿地建设率为 84.22%。

（2）环境质量

南太湖新区长东片区的生活污水处理率应达 100%，城区地面水环境质量达到国家《地表水环境质量标准》（GB 3838）Ⅲ类水质标准以内，其中地下水应达国家地下水Ⅱ类标准。

城区内各功能区的噪声环境质量均达到国家《城市区域环境噪声标准》（GB 3096）、《社会生活环境噪声排放标准》（GB 22337）规定要求，生活区噪声平均等效声级白昼不高于 55 dB（A），夜间不高于 45 dB（A），交通干线两侧噪声平均等效声级白昼不高于 70 dB（A），夜间不高于 55 dB（A）。

2020 年，全年环境空气有效监测天数 364 d，达到或优于二级的天数 321 d，环境空气优良率平均值为 88.2%。PM₂.₅日平均浓度小于 0.075 mg/m³ 的天数为 357 d，年平均浓度为 0.027 mg/m³。

（3）防洪（潮）、排涝与湿地保护

根据现状防洪排涝格局，规划长东片区防洪排涝采用一体布防、分片排涝的总体布局，即长东北片、长东南片以及城中分区合并成一个大包围，总体防御外江洪水，长东南片、长东北片及城中分区其余部分分片进行排涝（图 2-13-6）。

图 2-13-6　长东片区防洪排涝布局

长东片区所在地是有两千多年历史太湖溇港系统的重要组成部分，太湖溇港入选了第三批世界灌溉工程遗产名录。溇港系统是太湖流域特有的古代水利工程类型，其集水利、经济、生态、文化于一体，既可用于排涝、灌溉，也可用于通航。在城区规划建设中，湿地的保护尊重自然现状，保证了地块的完整性。规划依托现状地块内的溇港水网，以保留、联通、拓宽等形式，形成湖漾、湿地、河道、水网等不同形态的溇港。城区规划中保留的湿地面积达 1.00 km^2，而原湿地面积为 0.64 km^2，本项目的湿地保存率高达 156.85%。

（4）垃圾分类收集、无害化处理

规划内的垃圾收集、密闭运输、无害化处理严格按照《关于印发 2020 年度湖州市生活垃圾分类工作要点和重点指标分解表的通知》执行，全市城镇生活垃圾分类覆盖面积达到 100%，资源化利用率达到 100%，无害化处理率达到 100%。生活垃圾分类袋装化，全部进行无害化处理。餐厨垃圾运至处置中心统一处理，进行资源化利用和无害化处理。

3. 绿色建筑

湖州市作为国家"政府采购支持绿色建材促进建筑品质提升试点"试点城市，在规划区建设中大力发展和推广绿色建材，积极采取节材、节水、节能等绿色施工措施，并将 BIM 技术应用于施工阶段，最大限度缩短施工周期和减少材料使用。

搭建建筑节能监管平台，对能耗接入项目进行能耗进行统计、分析，挖掘节能潜力，促进实施节能改造。建立可再生能源监测管理系统，主要对可再生能源建筑应用项目中温度、流量、电功率、冷热量进行计量。通过掌握各项目的可再生能源监测数据，了解其节能量、减排量及初投资回收情况，有利于行业标准制定和政策制定。

湖州市南太湖新区 CBD 东区 7-3 号楼于 2021 年 8 月获得近零能耗建筑设计标识（图 2-13-7）。该项目为多层办公楼，建筑面积为 5 731m²。项目采取了"被动优先、主动优化、经济适用"的技术原则：通过形体优化、智能调节外遮阳系统、高性能围护结构、良好气密性及无热桥设计等被动式技术，从源头降低建筑负荷；将太阳能利用与建筑形体结合，实现一体化的光伏发电系统；采用地源热泵、空气源热泵、新风全热回收系统、动态节律智能照明系统等高效的能源设备与系统，提高用能效率，并构建建筑环境与能效监测优化一体化平台。建筑综合节能率为 124.5%，建筑本体节能率 30.2%，可再生能源利用率 116.6%。

图 2-13-7　湖州市南太湖新区 CBD 东区 7-3 号楼效果图

4. 资源与碳排放

（1）分项计量

规划区建筑设置能耗监测系统，对建筑内用水、用电、用气以及空调冷热量进行分类计量及数据采集。运行监测过程中，可自行配置分项表达式，对所需的分项进行数据采集。设有中央空调系统的规划区建筑，根据管理方式及能耗数据分析的要求设置空调冷热量计量，并通过总线形式接入能耗监测管理平台。

（2）可再生能源利用

规划区新建居住建筑考虑使用空气源热泵热水系统提供生活热水，以替代传统电热水器与天然气热水器的使用量，同时设置太阳能光伏面板；公共建筑充分利用太阳能、地热能、空气能等可再生能源使用替代传统能源电力。路面照明灯及庭院景观照明灯采用太阳能路灯系统，道路照明采用高效灯具及高效灯具形式（LED 或太阳能）。地下室采用了太阳能光导照明系统。

（3）水资源利用

基于湖州市南太湖新区长东片区的自然环境和区域定位、规划理念、经济发展等多方面条件，参照《湖州市海绵城市专项规划》，2030 年径流总量控制率目标设定为 80%，相对应设计降雨量为 24.4 mm，即日降雨强度小于 24.4 mm/d 时降雨控制不直接外排。通过设置雨水收集池、雨水桶，或者利用景观水体等方式，进行雨水回收，用于绿化浇灌、道路冲洗、景观水补水等；结合景观设计，设置下凹式绿地、生物滞留带、雨水花园、生态树池等设施；通过横、纵断面设计，并通过设置排水路缘石、开口路缘石等方式，将径流雨水引导至道路绿化带中的下凹式绿地（图 2-13-8）。

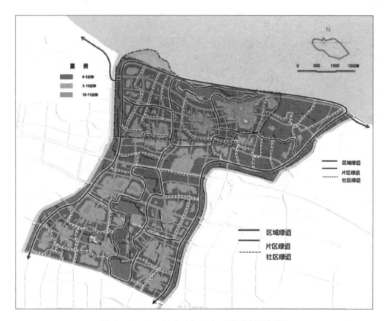

图 2-13-8　长东片区水系绿道规划图

（4）降低管网漏损率

采取分区计量、总分水表数据对比、管网巡查、听漏等措施降低取供水管网漏损率。同时设有分区计量管理系统，通过建设 DMA 分区计量，完善健全从水源到用户的完整四级计量监测体系。另外，构建"监测预警＋应急响应＋后续处置"的全覆盖、高效率、快反应的监管模式，对全市主要城市水厂及管网进行水量监测。

（5）低碳排放的城区建设

根据《湖州南太湖未来城长东片区低碳实施方案》的估算，低碳模式下，即实施了低碳建设方案后，规划年长东片区（滨湖东、太湖湾单元）全年碳排放量为 24.14 万 tCO_2，与常规模式相比综合减碳率为 19.52%，人均碳排放量为 6.08 tCO_2/（人·a），单位面积碳排放为 3.76 万 tCO_2/（km^2·a）。2025 年预计单位生产总值碳排放量为 0.523 tCO_2/（万元·a），2030 年预计单位生产总值碳排放量为 0.337 tCO_2/（万元·a）。满足到 2030 年，规划区人均碳排放较 2020 年降低 20% 以上，单位生产总值碳排放量较 2020 年降低 40% 以上，即人均碳排放降低到 6.14 tCO_2/（人·a），单位生产总值碳排放量降低到 0.396 tCO_2/（万元·a）的远期减碳目标。城区年碳排放量计算表见表 2-13-2。

表 2-13-2　城区年碳排放量计算表

行业	常规模式		低碳模式		减排比例 /%
	年碳排放量 /（tCO_2/a）	占比 /%	年碳排放量 /（tCO_2/a）	占比 /%	
建筑	43 688.6	14.56	30 585.5	12.67	30.0
产业	246 263.4	82.08	216 076.5	89.50	12.26
交通	8 476.36	2.83	2 513.45	1.04	70.35
市政	1 526.08	0.51	784.2	0.32	48.61
水资源	15 019.0	5.01	13 335.97	5.52	11.21
固废物	4 958.3	1.65	4 194.2	1.74	15.41
景观绿化	−19 936.64	−6.65	−26 058.18	−10.79	30.71
合计	299 995.1	100.0	241 431.64	100.0	19.52

5. 绿色交通

（1）绿色交通出行

构建安全、便捷、舒适的慢行交通网络，重点打造功能明晰的自行车交通网络，安全、便捷的步行交通网络和高品质的慢行交通环境（图 2-13-9）。根据 "滨水、滨湖" 绿道支撑系统的规划指引，片区内打造绿色步道（总长度 26.9 km）。重点打造金山湖与滨湖 CBD 的空中连廊互通，方便市民与湖互动，空中连廊与地面步行空间、地下环路形成立体交通网络，打造人车分流、安全高效的交通环境。

（2）道路与枢纽

城际轨道交通线路与轨道交通 3 号线换乘枢纽（预留南北方案），该换乘枢纽和片区对外交通功能结合，为整个片区的对外交通枢纽，同时通过 CBD

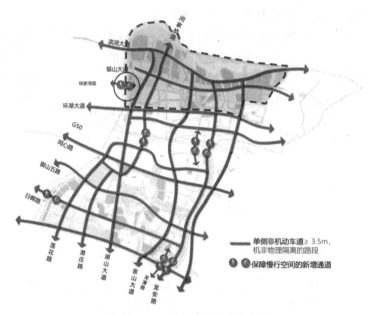

图 2-13-9　绿色交通系统规划图

核心区的空中连廊，可到达地标公交首末站。形成"城际轨道交通＋地铁＋公交首末站"的形式，作为多种公交方式的客流集散换乘场所。规划区主要交通节点修建交通枢纽实现停车换乘，提高出行效率，减少能源消耗，实现多种交通方式的整合和接驳（图 2-13-10）。

（3）交通管理

根据长东片区城市规模与发展定位，为减少机动车交通出行量，对新能源车推广采用补助机制，重点支持新能源公交车、氢燃料电池汽车，新能源出租车、公务车、轻型城市物流车、环卫车、网约车等公共服务平台，以及公共、专用充电设施和住宅小区配套建设运营主体。

政府公务用车原则上采购新能源汽车，优先采购提供新能源汽车的租赁服务，实施有利于新能源汽车的市政管理制度。同步实施公交车电动化、一票制、移动支付全覆盖、IC卡互联这四项一体化改革，覆盖全市。市民持有的各类公交储值卡、优惠卡、电子交通卡，适用范围将扩大到全市所有公交线路，基本票价同步实行 2 元一票制。同时，采取公交乘车优惠政策。交通一卡通公交 IC 卡全面支持市区城市城乡公交使用。

6. 信息化管理

湖州市南太湖新区长东片区信息化管理平台主要分为两个部分，一个是基础平台内容，另外一个是信息化管理子系统。基础平台内容提供数据中心平台、综合监控系统、运维管理服务系统和平台门户系统，为各个信息化管理子系统

图 2-13-10 公共交通系统规划图

做支撑和保障。信息化管理系统包括能源与碳排放信息管理系统（图 2-13-11）、绿色建筑建设信息管理系统、智慧公共交通信息平台、道路与景观照明节能控制系统等 11 个子系统。城区运用大数据技术对规划区的环境、生态、能源、建筑等运行数据进行分析，以此提升城区管理水平，同时为居民、游客提供高质量的服务（图 2-13-12）。

图 2-13-11 城区能源与碳排放信息管理系统

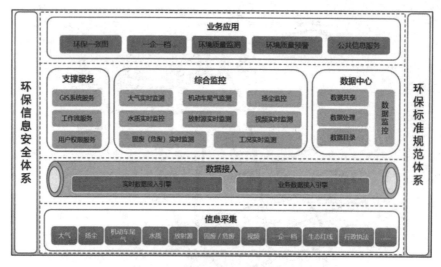

图 2-13-12　城区环境监测系统架构图

7. 产业与经济

湖州市南太湖新区长东片区以"两山"理念为引领，抢抓"重要窗口"示范样本的建设机遇，打造引领绿色智造、实现创新驱动、示范产城融合的全国高能级绿色发展战略平台（图 2-13-13）。

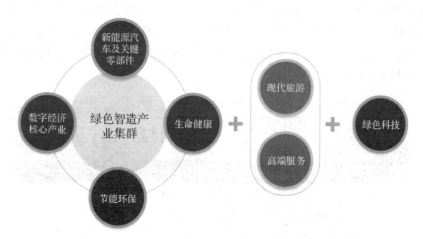

图 2-13-13　湖州市南太湖新区（长东片区）产业结构战略

（1）资源节约环境友好

规划年或考核年城区单位地区生产总值能耗 0.359 tce/ 万元；基准年所在省（市）单位地区生产总值能耗 0.435 tce / 万元；所在省（市）节能考核指标年均下降率 3.7%；城区能耗年均进一步降低率 1.47%。规划年或考核年城区

252

的单位地区生产总值水耗 39.52 m³/ 万元；基准年所在省（市）单位地区生产
总值水耗 40.61m³/ 万元；所在省（市）节水考核指标年均下降率 4.6%；城区
水耗年均进一步降低率 4.35%。

（2）产业结构优化

根据湖州市"十四五"规划和绿色生态城区的产业定位，本片区内无第
一、第二产业。因此，至规划末期，本片区的总产值（GDP）即第三产业产
值，为 71.62 亿元。根据计算，2030 年相对于 2020 年的生产总值增加值即第
三产业增加值为 62.62 亿元，其占地区生产总值的比重为 87.44%。

（3）产业融合发展

根据规划，至规划末期规划区内的常住人口将达到 3.97 万人，同时根据
湖州市统计局网站 2020 年湖州市人口年龄结构计算，总人口 267.6 万人，在
业人口约为 159.8 万人，则推算出长东片区就业人口为 2.37 万人。据测算，规
划区可提供就业岗位数约为 9.93 万个，职住平衡比为 4.19。

8. 人文

（1）以人为本

湖州南太湖新区长东片区的规划建设鼓励公众参与，参与形式主要包括：
方案和规划公示、规划评审、街头访问实地调研、信息答疑、展示沙盘、网络
征名等方式，参与机构包含政府机构、非政府机构、专业机构和居民等。公众
可以参与规划设计的全过程。网上咨询和规划公示让公众实时了解湖州市南太
湖新区长东片区的规划建设动态。

（2）绿色生活

编制了"绿色生活与消费导则"，从绿色理念、绿色餐饮、日常居住、绿
色出行、绿色办公、绿色出游、绿色消费、展示宣传等 8 个方面对居民的绿色
生活与消费进行了科普，并提出了指导性建议。通过倡导居民使用绿色产品，
倡导民众参与绿色志愿服务，引导民众树立绿色增长、共建共享的理念，使绿
色消费、绿色出行、绿色居住等成为人们的自觉行动，让人们在充分享受绿色
发展所带来的便利和舒适的同时，履行好应尽的可持续发展责任的方法，实现
广大人民按自然、环保、节俭、健康的方式生活。

（3）绿色教育

城区内中小学和高等学校获得绿色校园认证的比例达 100%。未来社区体
验馆一层大堂西侧房间设有绿色生态城区展厅，厅内展示沙盘（图 2-13-14）、
墙体、电视，展厅大小 243 m²，展示内容包含：生态城区宣传资料和生态城区
有关的其他内容。

（4）历史文化

对已经列入文物保护名录的重要历史文化资源，各级文物保护单位、文物登

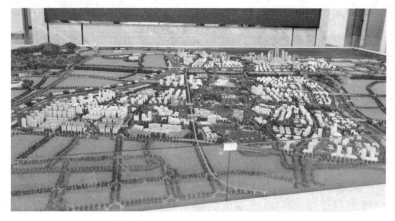

图 2-13-14　规划设计方案展示沙盘

录点，在主管部门指导下进行严格保护；对未列入文物保护名录的其他历史文化资源，以展示利用为主；对城区古桥资源的规划处置方案，主要有原址保留、择址搬迁、构件入库等方式；对于长东分区内众多的庙宇，以保留为主，进行统一搬迁，并集中设置；对已经列入古树名木保护名录的重要树种资源进行严格保护；对未列入古树名木保护名录的其他重要树种资源，以有效利用为主（图 2-13-15）。

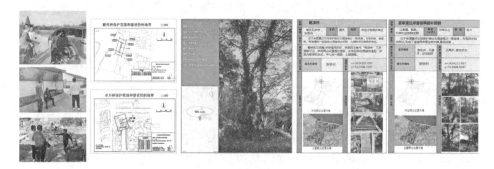

图 2-13-15　重要历史文化与树种资源保护工作

2.13.5　低碳发展效益

本项目能够有效地实现节能减碳，并产生良好的经济和社会效益，建设符合"大力节约能源资源，加快建设资源节约型、环境友好型社会"的要求，对于规划区建设实现碳达峰、碳中和，具有重要的示范意义。

（1）规划区用能总量折合热量为 299 698 万 MJ，可再生能源利用总折热量为 14 365.7 万 MJ，可再生能源利用比例为 4.79%。

（2）规划区年用水量为 1 307.94 万 m³，非传统水源年用量为 69.76 万 m³，非传统水源利用率为 5.3%。

（3）2030 年规划区人均碳排放量为 6.08 tCO₂/（人·a），满足"人均碳排放较 2020 年降低 20% 以上，即人均碳排放降低到 6.14 tCO₂/（人·a）"的远期减碳目标。

2.13.6　获得荣誉与奖项

南太湖 CBD 运营中心、未来社区体验馆、绿色金融港展示中心获得近零能耗建筑证书，南太湖未来城地标——南太湖 CBD 项目，斩获意大利 A'Design Award 2020 年度城市规划与城市设计组别铂金奖（最高奖）。

2.14　天津津南区葛沽镇中轴片区

2.14.1　项目亮点

葛沽镇自建设之初就提出了"绿色葛沽、智慧葛沽、文旅葛沽"的建设思路，为更好地推进绿色生态建设，实现葛沽镇"创新、绿色、宜居、安全"的发展目标，葛沽镇划定中轴片区为先行发展示范区，葛沽镇中轴片区是镇域新建片区中核心的建设区域，在建设葛沽镇整体城市风貌、发展旅游产业、打造生态屏障等方面都有着重要的作用。葛沽镇中轴片区结合绿色生态城区建设发展要求，加快推进高星级绿色建筑、海绵城市、生态环境提升等多项重点工程建设，积极推动绿色化生态化理念，通过运用 5G、人工智能等新一代信息技术，建设双碳智慧管理平台，推动区域绿色生态建设与智慧环保、智慧园林、智慧环卫、智慧交通、应急指挥等应用融合建设，打造互联互通的绿色基础设施，打造低碳循环可持续的绿色生产体系、良好的生态环境、便捷的生活服务体系，努力打造津南区、天津市绿色生态建设的示范性城区。

专家点评：葛沽中轴片区落实规划先行的理念，紧抓天津双城之间绿色生态屏障的新机遇，以前瞻性的思维、战略性的眼光和勇于担当、大胆创新的精神，融入智慧、人文、绿色发展理念开展葛沽镇的规划提升工作。其以 PPP 模式进行葛沽镇的开发建设，探索了一种开发商主导进行绿色生态城区建设的新模式，强化了城区建设运行的全过程绿色管理。通过企业主导的绿色生态理念的落实，提升了葛沽镇的环境品质，尤其是为本地居民提供了更多的绿色开放空间，基础设施方面也有了明显的改善，同时在绿色生态和智慧城市融合方面也做了很多尝试，体现了未来绿色生态城区发展的方向。

2.14.2 项目简介

葛沽镇是天津市经济强镇，位于天津市津南区东部，东与滨海新区新城接壤，西与双桥河镇毗邻，南与小站镇相连，北靠海河与东丽区隔河相望。近年来，先后被确立为天津市示范小城镇、滨海新区综合配套改革试验示范镇、全国发展改革试点小城镇等。

葛沽镇中轴片区总用地面积 2.15 km^2，是葛沽镇地理中心位置的核心建设区域，涵盖了葛沽镇三大主要发展区之一魅力中轴，是葛沽镇的重点建设区域，主要包括行政办公、商业商贸、文化休闲和生活居住等功能总平面图如 2-14-1 所示。

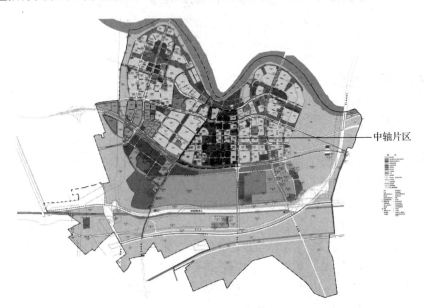

中轴片区

图 2-14-1　葛沽镇中轴片区总平面图

为更好推进绿色生态建设，2021 年，葛沽镇中轴片区编制了绿色生态指标体系、绿色建筑、能源、生态环境等专项规划。为保障生态指标落地，葛沽镇紧密衔接天津市、津南区各方面政策、管理制度、技术文件，完善自身绿色生态管理政策体系，健全的规划体系、指标体系、制度管理体系，保障后续葛沽镇中轴片区绿色生态建设顺利实施。2021 年，中轴片区获得了国家三星级绿色生态城区规划设计标识，成为天津市首个采用 PPP 模式进行开发建设的绿色生态城区。

天津津南葛沽城市综合开发 PPP 项目作为天津市首个城镇综合开发类 PPP 项目，自 2019 年开始，积极推进市政基础设施、公共服务设施等基础项目的建设，未来葛沽镇将建设成为京津冀协同背景下天津协同区域的创新发展廊道，天津战略收缩背景下推动双城之间绿色发展的转型先锋，海河中游的美丽画卷下支撑津南转型发展的特色小镇。

天津津南葛沽城市综合开发 PPP 项目整体合作期限 20 年，现已经完成葛沽曲苑花溪公园、葛沽 PPP 展览馆、图书馆和文化馆项目等重点民生工程建设，其他项目正在建设中，该片区效果图如图 2-14-2 所示。

图 2-14-2　葛沽中轴片区效果图

2.14.3　关键技术指标

葛沽中轴片区全面落实绿色、生态、低碳理念，因地制宜构建绿色建筑、海绵城市、绿道系统等技术体系，生态效益突出，在区域路网密度、高星级绿色建筑比例、装配式建筑比例等方面实现了较好的提升和优化，积极打造京津冀协同发展中的绿色生态典范。相关指标参见表 2-14-1。

表 2-14-1　葛沽中轴片区绿色生态关键指标

指标	数据	单位或比例等
城区面积	215.00	万 m^2
除工业用地外的路网密度	10.14	km/km^2
公共开放空间 500 m 服务范围覆盖城区的比例	100.00	%

指标	数据	单位或比例等
绿地率	45.10	%
节约型绿地建设率	100.00	%
环境噪声区达标覆盖率	100.00	%
二星级及以上绿色建筑面积比例	48.85	%
装配式建筑面积比例	100.00	%
可再生能源利用率	7.61	%
绿色交通出行率	86.29	%
第三产业增加值比重	86.00	%
城区公益性公共设施免费开放率	100.00	%
每千名老年人床位数	40.00	张
绿色校园认证比例	50.00	%

2.14.4　主要技术措施

葛沽镇中轴片区在规划建设中一直致力于贯彻绿色、生态的理念，积极推进绿色建筑、海绵城市、绿道系统建设，因地制宜利用太阳能等可再生能源，降低城市碳排，提高城市绿地面积，增加碳汇量，并开展智慧城市建设工作，从区域级管理角度开发建设项目管理平台，提升区域管理效率，助力区域未来实现碳中和的发展目标。

1. 土地利用

（1）混合开发

葛沽镇中轴片区执行土地集约发展政策，实施 TOD 土地开发模式，发挥轨道交通对城市空间开发的引导作用，并结合轨道交通站点的位置与公交站点充分衔接，进行合理的布局，片区内的用地功能包括居住、商业、办公、公共服务等，交通站点主要结合商务、商业、居住等主导功能用地布置，各规划站点 500 m 范围内用地 100% 混合开发。以每 1 000 m×1 000 m 网络单元格进行划分，中轴片区内每个单元均为居住用地（R 类）、公共管理与公共服务设施用地（A 类）及商业服务业设施用地（B 类）种的两类或三类混合用地单元，混合用地单元比例为 100%。

（2）开放空间

葛沽镇早期环境问题较为突出，当地居民深受影响。绿色生态城区建设推进过程中，根据区域生态问题及需求，合理规划生态结构，打造双城生态屏障，建设曲苑花溪公园等高质量城市公园绿地，打造城市蓝绿空间、公共开放空间，开展区域的生态环境建设与保护工作，形成具有绮丽的自然风光、优美的城市绿化、生态自然环境美好的城市空间，如图 2-14-3 所示。

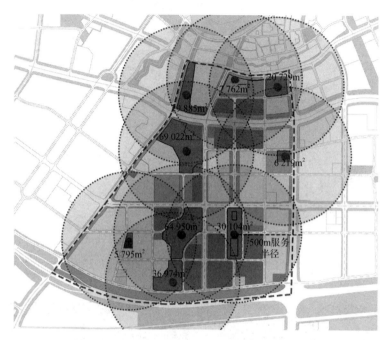

图 2-14-3　葛沽镇中轴片区公共开放空间分析图

（3）城市绿道

如图 2-14-4、图 2-14-5 所示，葛沽镇中轴片区内设置多条绿道，绿道将道路绿化、海绵设施、慢行专用道等与道路联合设计，为公众提供更加舒适的城市绿色出行环境，并设置座椅等城市家具，方便居民停歇和游憩。片区绿道密度达到 5.2 km/km²，其中魅力中轴的绿道建设是区域绿地系统的重点建设内容，对提高周边的生态环境质量起到了极大的积极作用，通过在城区中心布置大面积生态绿地，形成城区核心景观绿道轴线，以及合理的规划布局与生态本底条件，缓解葛沽镇中轴片区的城市热岛效应。

2. 生态环境

葛沽镇位于北半球暖温带，介于大陆性和海洋性气候的过渡带上，气候类型属于暖温半湿润季风气候。光照充足，季风显著，四季分明，雨热同期。春季多风、干旱少雨，夏季炎热、降雨集中，秋季天高、气爽宜人，冬季寒冷、干燥少雪。年平均气温 11.9℃，年平均地面温度 14.5℃，极端最低气温 −21℃，极端最高气温 40.3℃。年平均降水量 556.4 mm，一日最大暴雨量

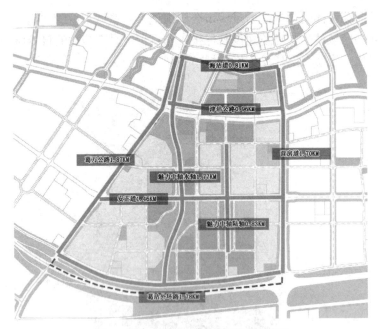

图 2-14-4　中轴片区绿道系统规划图

图 2-14-5　中轴片区绿道实景图

304.4 mm，最大积雪深度 29 mm。

　　中轴片区是葛沽镇发展建设的重要区域，在生态环境保护优化方面，为更好地应对当地气候温度变化，依托生态本底条件，积极进行区域公园绿地、水体建设，通过实施海绵城市、建设生态廊道等措施，缓解城市热岛效应，如图2-14-6、图 2-14-7 所示。

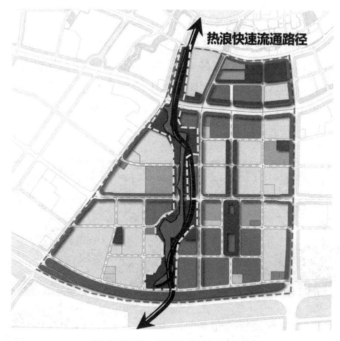

图 2-14-6　缓解城市热岛效应

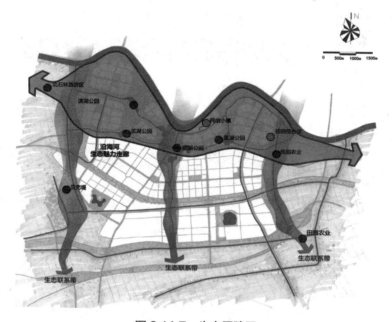

图 2-14-7　生态屏障区

如图 2-14-8、图 2-14-9 所示，葛沽镇年径流总量控制率不小于 74%。全面落实低影响开发理念，加强对城市原有生态系统的保护，进行城市生态恢复和修复；构建非传统水资源利用系统，完善多水源供水；统筹地块调蓄与区域排水，解决城市局部积水问题；统筹协调已建区和城市新区的海绵城市建设；沿河道水系打造特色空间。为加快地表水下渗速率，采用降低并调控地下水埋深、科学集蓄和消纳雨水、保护湿地和水体、采用废水泥桩、水泥柱等建筑垃圾替代天然石料促进水体下渗。

图 2-14-8　海绵城市技术措施

为更加准确地掌握葛沽镇环境质量信息，葛沽镇的智慧城市平台中将建设智慧环保的相关内容，对城区内的大气、地表水质等环境要素进行在线实时化监管，实现自动在线监测数据共享、自动超标报警、数据异常自动报告、监测数据查询、监测数据报表统计、监测数据分析、在线视频监控等功能。

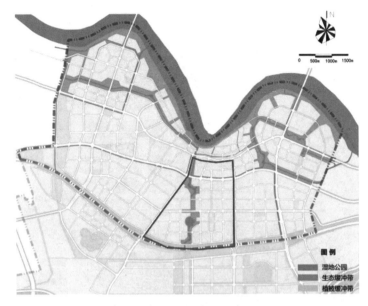

图 2-14-9 葛沽镇海绵载体

3. 绿色建筑

（1）绿色建筑比例

葛沽镇中轴片区作为葛沽镇的核心发展区域，实行高标准绿色建筑建设，引领葛沽镇乃至津南区的绿色建筑发展，编制了《津南区葛沽镇中轴片区绿色建筑星级布局专项研究报告》，通过对规划影响因子进行分析，对葛沽镇中轴片区内的各个地块进行星级预测，确定葛沽镇中轴片区的绿色建筑星级布局，全面落实绿色建筑要求，二星级及以上标准的建筑面积比例 48.85%，其中达到三星级标准的建筑面积比例 4.21%，如图 2-14-10 所示。

（2）典型案例

如图 2-14-11 所示，葛沽 PPP 展览馆、图书馆和文化馆项目位于天津市津南区葛沽镇，总建筑面积约 2.67 万 m²。项目为多功能复合的综合文化建筑，整体外形以"眼睛"为设计理念，眺望海河，俯瞰特色古镇。作为天津市重点民生工程，致力于打造集"创新、协调、绿色、开放、共享"于一体的城市客厅，投用后将更好地满足人民群众对优质精神生活的需求和向往，助力解决"休有所栖"问题。项目按照绿色建筑三星级要求进行设计，采用多种数字技术，针对异形幕墙、鱼腹式桁架安装等施工重难点，重点投入、强化实施管理。项目全面做实全员质量责任制，加强工程事前、事中、事后的全过程管理，推行"三检制度""举牌验收制度""样板引路制度"，营造人人管质量的浓厚氛围。

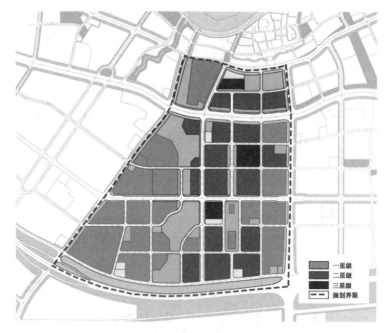

图 2-14-10　葛沽镇中轴片区绿色建筑星级规划

图 2-14-11　葛沽 PPP 展览馆、图书馆和文化馆项目

4. 资源与碳排放

葛沽中轴片区结合本地资源条件和项目实际用能特点，采取多种措施，实现能源和资源的节约利用，积极落实"双碳"要求。

（1）提升可再生能源利用水平

天津气候温和，地质稳定，具备开发利用风能、太阳能等可再生能源的基本条件，葛沽镇中轴片区根据项目实际用能情况，可再生能源利用以太阳能热水为主，此外，道路照明采用风光互补路灯。经测算，葛沽镇中轴片区全年可再生能源利用率约为 7.61%，如图 2-14-12 所示。

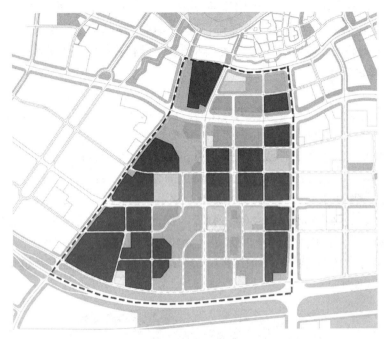

图 2-14-12　葛沽镇中轴片区能源综合利用规划图

（2）全面采用高效系统设备

葛沽镇中轴片区内市政、景观等照明设施均采用 LED 灯具，市政给水泵、污水泵、雨水泵等相关设备中，高效节水器具、高效水泵、节水灌溉设备等高效设备采用比例为 80%。

（3）加强非传统水源应用

葛沽中轴片区非传统水源利用主要为市政再生水，再生水主要用于绿化灌溉、道路浇洒和冲厕、景观水域补水等城市杂用水。雨水收集利用可作为项目展示性技术，不作为主要的非传统水源使用。根据测算，中水使用比例为 33.43%。

（4）降低管网漏损率

根据葛沽镇中轴片区的发展定位，以节水为核心，实现水资源的优化配置和循环利用，构建安全、高效、人水和谐、城乡统筹的健康水系统，建设以净水供水系统为主，再生水系统为辅的供水模式，利用一网分区供水管理模式，构建节能减排供水系统。在城市管网防漏损方面主要以管材、阀门等方式进行预防和管理。规划本区域管网漏损率不大于 5%。

（5）完善能耗监测计量

为分析区域内各类能源的使用情况，挖掘节能潜力，中轴片区对水、电、气、油、供热、可再生能源等用能进行分类分项计量，并借助数字化手段，建立能源互联网＋平台的监控与优化管理，掌握建筑群能耗的实时数据，对各种能源做到高效集成、整合与优化，达到资源最有效配置、管理和利用。

5. 绿色交通

（1）绿色交通出行

为提升交通便捷度与绿色出行比例，葛沽镇在轨道交通、公共交通、步行和自行车交通、智能交通等几方面进行了规划。

在公共交通方面，形成以轨道交通、快速公交/大站快车为骨架，以常规公交为主体，游憩公交和水上巴士为特色的公共交通系统。依托 Z1 线轨道交通，加强与天津中心城区、滨海新区核心区、滨海机场、主要的铁路客运枢纽的联结。公交站点按照 400~800 m 设置，保证 80% 以上居民步行到站距离不超过 300 m。葛沽镇中轴片区内建设 1 处轨道交通站点、9 处公共交通站点，轨道交通站点与公共交通站点紧密衔接，实现轨道交通与公共交通间无缝衔接，如图 2-14-13 所示。

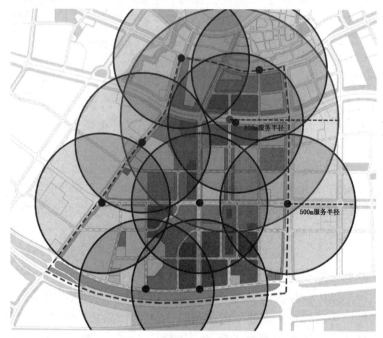

图 2-14-13　葛沽镇中轴片区公共交通站点

在步行和自行车交通方面，根据葛沽镇功能布局、河流水系分布、道路设施及绿带分布，将慢行系统分为三类：滨水休闲绿道沿滨河道路布局，结合滨河绿地布局专门供行人及自行车通行的绿道；特色休闲系统主要结合街道设置，利用支路系统，融入当地人文特色要素，以服务本地居民和外地游客观光游览、休闲游憩为主；生活休闲系统主要依托镇区道路网，服务居民基本的生活出行需求，要求步行和自行车路权清晰，网络完整，在交叉口等节点，均有必要的安全保障设施。葛沽镇在特色小镇出入口周边、轨道站点、机动车停车场周边布局公共自行车停放点。葛沽镇中轴片区内共规划共享单车投放点 7 处，布局于各绿道驿站、公共交通站（场）、各大型生活小区、大型办公楼等区域。

在智能交通方面，对接葛沽镇智慧城市信息平台，建设智能交通监管体系、智能公共交通体系、出行服务体系等，建立全面感知葛沽镇交通网络体系的智能交通系统。

（2）停车设施与管理

如图 2-14-14 所示，葛沽镇中轴片区轨道交通站点结合城市地下空间以及城市商业、商务等公共建筑，建有健全的无障碍通道、坡道、无障碍电梯等无障碍设施，实现公共交通、自行车交通、步行交通等绿色出行方式的有效衔接。周边配建停车场和公共停车场，同期投入使用充电桩配比不低于 20%，

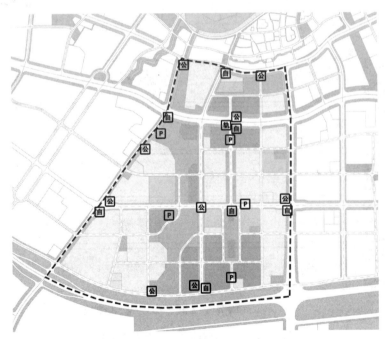

图 2-14-14　葛沽镇中轴片区场站规划图

并按 100% 建设充电基础设施在住宅配建中预留建设安装条件。

6. 信息化管理

如图 2-14-15、图 2-14-16 所示，葛沽镇根据天津市和津南区建设智慧平台的政策要求，编制了《葛沽镇智慧城市顶层规划和建设行动计划》，以"互联网＋"为发展引擎，以大数据、北斗导航、人工智能为创新手段，大力推进互联网与经济社会各领域融合的广度和深度，努力实现智慧城市发展目标。

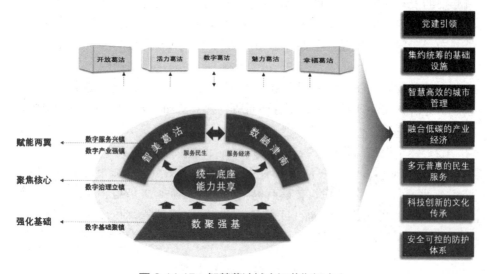

图 2-14-15　智慧葛沽城市运营指挥中心

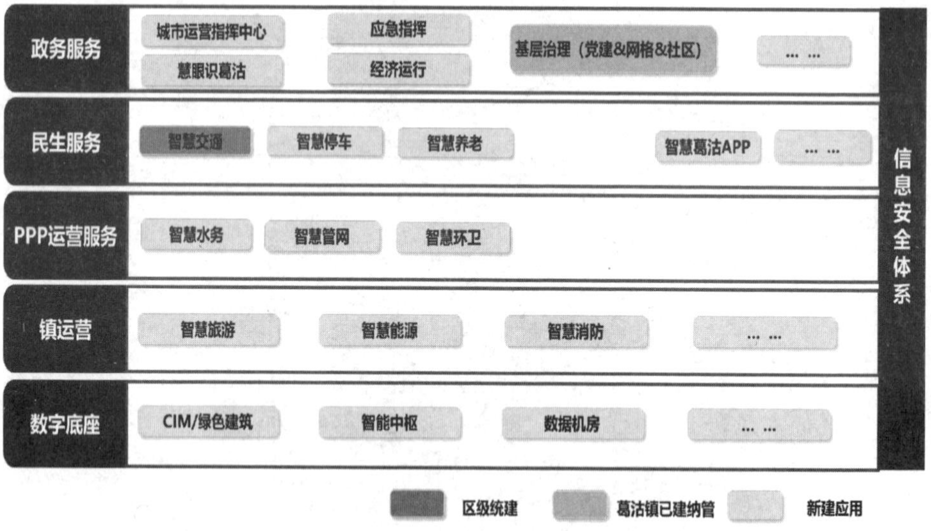

图 2-14-16　智慧葛沽信息化系统建设

（1）能源与碳排放信息平台

低碳监管主要包括三大重点领域：节能降耗信息化、减排利废循环化、生产制造绿色化。其中"双碳"目标智慧管理平台系统围绕碳排放监测、企业能耗"双控"等核心领域探索研发，利用互联网化的技术，采集、汇聚、融通、共享能源数据，打造统一的双碳智慧能源管理平台及应用，为城区管理、能源生产、碳排放监测等各方环节，提供双碳战略下的城市级智慧双碳管理服务。

（2）绿色建筑信息管理系统

以津南区、全区统一的城市公共信息平台为依托，深入推进数据共享和大数据应用建设，构建了全区统一的建筑物数据库，通过档案管理系统，对建筑工程项目的报建，包括绿色建筑在内的项目，对其星级布局情况和建设进度等进行记录，以及项目竣工等环节的文件进行电子化存档，为数据共享交换提供重要的支撑。

（3）智慧公共交通信息平台

构建城市网格化管理、全民城管平台等智能交通监管体系、智能公共交通体系、出行服务体系等，建成全面感知城镇安全，交通，环境，网络空间的感知网络体系，更好的用信息化手段感知物理空间和虚拟空间的社会运行态势。在智慧景区方面，设置智能调度客车系统。在智慧停车方面，智慧停车场管理子系统由车位信息采集、车辆信息采集、数据处理控制、数据发布四大功能模块组成。

（4）水务信息管理

建立智能水网工程，子系统包括地理信息系统、管网产销差系统、加压站监控系统、水质在线监测系统。地理信息系统用于对供水管网进行电子化管理，同时开发手机移动端 APP 查看同步数据信息；管网产销差系统主要对管网的漏水进行管理，通过智能水表，监测全天流量，出现流量的异常时会有告警；加压站监控系统运用视频监控、实时数据显示等功能，基本实现加压站无人值守；水质在线监测系统，在总进水位置及一些末梢位置对水质进行实时在线监测，并做到对外区供水水源点进行监控。同时，污水监测处理情况良好，现阶段所有企业均已安装污水处理在线监测系统，建成的污水处理厂实现在线监测。

7. 产业与经济

葛沽紧邻滨海新区，是津南区和滨海新区产业协同发展的纽带节点，与周边区域产业合作联动，依托精密制造和民俗文旅两大优势产业，带动以都市农业、会展产业、健康养老为代表的一产业、二产业、三产业共同发展。

结合津南区"十四五"产业规划和葛沽 PPP 项目特点，未来将形成以民俗文旅、会议会展、智能制造、田园观光农业、康养医疗、商贸服务业为代表的六大产业发展方向。

（1）产业规划与产业导入

如图 2-14-17 所示，葛沽镇以完善津南，服务津滨为主要目标，围绕四大核心功能，延展产业环节，构建会展 +、创新 +、文旅 +、田园 +4 大产业板块为核心的现代化产业。区域坚持生态优先的低碳发展策略，优化区域产业联动，完善镇域产业功能格局，形成"一轴两带四片多点"的产业发展目标。结合葛沽镇中轴片区用地性质分析，主要开发建设居住、商业、公共服务设施配套等性质，无工业用地。

图 2-14-17　葛沽镇产业结构规划图

（2）循环经济产业链

如图 2-14-18 所示，制定完善的产业发展规划，将区内产业分为 3 个阶段，2019—2022 年启动阶段，重点发展民俗文旅、都市农业、高端教育、特色医疗；2023—2026 年发展阶段，重点发展医疗养老、会议发展、商务贸易；2026—2028 年成熟期，重点发展新兴产业、智能制造、商贸服务。通过未来5~10 年的发展，区域最终形成以民俗文旅、会议会展、智能制造、田园观光农业、康养医疗、商贸服务业为代表的产业集群。

图 2-14-18　葛沽镇产业结构规划图

2.14.5　低碳发展效益

（1）社会效益

本项目是天津市首个城镇综合开发类 PPP 项目，葛沽镇政府与中建方程（天津）城市建设发展有限公司共同推进葛沽镇的绿色化开发建设，在葛沽镇的城区规划提升、建设民俗文化特色小镇、打造海河沿线生态防护绿带、完善公共设施配套、建设智慧城市、完善市政基础设施、谋划产业导入与升级等方面，为提升葛沽镇的社会经济价值与区域生态环境做出了许多的工作与努力。

中轴片区顺利通过三星级绿色生态城区评审，为其他政企合作的城区提供了 PPP 项目生态城区的建设经验，从区域级管理角度，开发建设项目管理平台，提升区域管理效率，为城市运营，积累更为准确的数据，积极打造京津冀协同发展中的绿色生态典范。

（2）经济效益

葛沽紧邻滨海新区，是津南区和滨海新区产业协同发展的纽带节点，与周边区域产业合作联动，依托精密制造和民俗文旅两大优势产业，带动以都市农业、会展产业、健康养老为代表的一产业、二产业、三产业共同发展。中轴片区以北为历史特色小镇，是葛沽镇中的重要历史文化街区，通过建设绿色生态城区，提升区域环境品质，减少区域能源消耗和碳排放量，有利于带动周边的历史文化发展及旅游文化发展，通过未来 5~10 年的发展，区域最终形成以民

271

俗文旅、会议会展、智能制造、田园观光农业、康养医疗、商贸服务业为代表的产业集群。

（3）生态与减碳效益

葛沽镇中轴片区规划建设过程中，全面落实绿色低碳理念和要求，区域绿地率达 40% 以上，可再生能源利用率达 7% 以上，非传统水源利用率达 30% 以上，在资源节约和生态固碳方面形成了良好的基础。

葛沽镇中轴片区建成后的建筑、交通、市政基础设施通过实施建筑节能、低碳交通、高效市政等有效降碳措施，并在此基础上实施可再生能源利用、绿化固碳等措施，可减少葛沽镇运营的 CO_2 排放。经测算，葛沽镇中轴片区绿色生态城区建成运营后，年 CO_2 排放量约为 9.2 万 t。葛沽镇中轴片区总人口约为 3 万人，建成后的年人均碳排放量约为 3.07 tCO_2/（人·a）；总用地面积为 2.15 km^2，建成后的年单位用地碳排放量约为 4.28 万 tCO_2/（km^2·a）。

2.14.6 获得荣誉与奖项

2021 年，中轴片区获得国家绿色生态城区规划设计阶段三星级认证标志；

2022 年，住房和城乡建部首个落地的镇域级 CIM 应用示范项目；

2023 年，中国智慧城市大会优秀案例一等奖。

第3章

中国绿色生态城区建设与管理模式探析

自 2013 年《"十二五"绿色建筑和绿色生态城区发展规划》发布以来，经过 10 年的探索和沉淀，我国绿色生态城区发展积攒了大量可复制可推广的建设管理经验，本章将从典型城区的视角出发，对绿色生态城区的建设管理模式进行解析，以期推动我国绿色发展迈上新的台阶。

3.1 绿色生态城区建设管理基本模式

为了推动绿色生态城区形成持续健康发展态势，建设初期，需围绕发展愿景和如何实现愿景，就事关长远发展的重大事项进行了深入的探讨，从发展定位、管理体制、开发模式、地方法规、指标体系、总体规划、配套政策 7 个方面作出决策部署，构建绿色生态城区建设管理的基本模式。发展定位解决做什么事、往哪里去的问题，管理机制解决谁来管理、采取什么方式管理的问题，开发模式解决谁来投资开发、采取什么方式开发的问题，地方法规解决管理权限、创新空间的问题，指标体系解决发展目标和量化考评的问题，总体规划解决发展目标空间布局、区域效益综合提升的问题，配套政策解决外部资源输入、创新试点空间的问题。这些都是事关长远的大事、要事，值得花更多时间、财力尽可能充分、科学地论证完善，从而奠定一个坚实的制度基础。尤其要注重通过出台具有法定效应的文件和签署涉及多方利益的协议来固化它，使之持续有效地发挥应有的指导性、基础性作用。鉴于此，为了便于深入理解绿色生态城区建设管理的基本模式，这里将以中新天津生态城为对象，从发展定位、管理体制和开发模式等 7 个方面进行深度剖析。

3.1.1 明确发展定位

中新双方在项目选址和商务谈判中，深入探讨了生态城的定位，最终通过几个重要文件予以确定。中新两国《框架协议》确定：天津生态城要建设成为一个"资源节约、环境友好、社会和谐"的生态城市，"成为中国其他城市可持续发展样板"。努力实现"三和三能"，即：人与人和谐共存、人与经济活动和谐共存、人与环境和谐共存，能实行、能复制、能推广。

中新两国《补充协议》进一步细化了生态城的建设目标，主要包括 7 个方面：①建设环境生态良好、充满活力的地方经济，为企业和创新提供机会，为居民提供良好的就业岗位；②促进社会和谐和广泛包容的社区的形成，社区居民有很强的主人意识和归属感；③建设一个有吸引力的、高质量的居住环境；

④采用良好的环境技术和做法，促进可持续发展；⑤更好地利用资源，产生更少的废物；⑥改善居民的总体生活状况；⑦为中国其他城市生态保护与建设提供管理、技术、政策等方面的参考。

生态城《总体规划》关于区域定位的描述是：综合性的生态环保、节能减排、绿色建筑、循环经济等技术创新和应用推广的平台，国家级生态环保培训推广中心，现代高科技生态型产业基地，"资源节约型、环境友好型"的宜居示范新城，参与国际生态环境建设的交流展示窗口。将经济功能确定为：①国际生态环保理念与技术的交流和展示中心；②国家生态环保技术的试验室和工程技术中心的集聚地；③国家生态环保等先进适用技术的教育培训和产业化基地；④国际化的生态文化旅游、休闲、康乐区。

城市定位需要找出代表城市的个性特点并用简洁的语言表达出来，给区域起一个名字，这个名字是发展定位的凝练表达。生态城落户天津的过程中，也曾用过环保城，讨论过馨和城，新方多次正式提出定名的问题，最终确定为"中新天津生态城"。

3.1.2　构建管理机制

生态城管理体制主要包括中新联合协调机制和地方行政管理机构，如图3-1-1 所示。

中新两国高层次沟通协调机制。中新双方成立副总理级的"中新联合协调理事会"和部长级的"中新联合工作委员会"，定期召开会议，研究生态城建设发展重大事项，赋予扶持政策措施，促进生态城持续健康发展，如图 3-1-2 所示。

地方行政管理机构设立上，中新天津生态城采取了 20 世纪 80 年代沿海开放以来经济功能区管理委员会这一准政府模式，党工委尽量精简或与行政机构合署办公，不设人大、政协机构。成立"中新天津生态城管理委员会"，代表天津市统一负责生态城开发建设管理。高度授权、精简高效、正厅级建制、准政府运作的模式，为管委会选聘优秀成熟员工、打造服务型政府、优化营商环境创造了良好条件，也为创新、协调、绿色、开放、共享发展奠定了体制机制基础。管委会各内设部门均采取大部制，尽量归并职能、精简机构设置、控制员工规模、提高行政效能，实现了不同专业、不同工作环节之间的信息共享和相互配合，为减少审批环节、精简办事流程、提高行政效率奠定了基础。

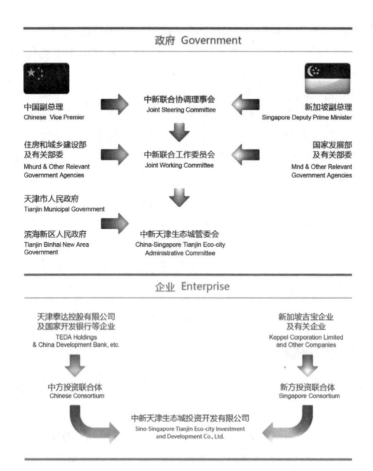

图 3-1-1　中国-新加坡政府合作机制示意图

图 3-1-2　第一届中新天津生态城联合协调理事会

276

3.1.3　选定开发模式

生态城采用政企分开、市场运作的开发模式。中新双方确定，生态城开发建设要坚持政企分开、市场运作的原则，发挥市场机制作用，确保商业可行性，避免既往功能区政府与开发公司资金关系不清、地方债沉重的弊病。中方投资公司作为股份制公司（生态城管委会下属国资公司不占股份）和中新合资公司（中新双方各占 50% 股份）均按照现代企业管理制度实行企业化经营，都是完全市场主体，自主发展，自负盈亏，极大地拓展了发展空间，为转变政府职能、深化市场经济体制改革奠定了基础，也为我国功能区开发体制改革创新探索了新的路径。

投资公司负责土地收购、整理储备和基础设施、公共设施的投资、建设、运营、维护。围绕"生态城市实践者"的发展定位，投资公司采取专业化、市场化发展思路，建立了符合现代企业制度的公司治理结构，先后取得政府 18 项特许经营权，陆续成立商业地产开发、能源供应、环境保护等 11 家专业化子公司，形成了基础设施"投资一体化、建设标准化、管理信息化、运营系统化"公司运作体系，发挥了开发企业建设主体作用。

合资公司按照"城市综合开发商"的定位，既承担基础设施建设、住宅及产业园区开发，追求经济效益，也参与生态城医疗、教育、养老等社会事业和招商推广，以形成社会效益和经济效益相辅相成、相互促进的局面。作为两国政府间的企业化合作平台，合资公司既要体现中新投资联合体的股东利益，也肩负着两国政府的战略目标，既是中新双方共同利益的载体，也是双方协调沟通的平台。

根据《框架协议》《补充协议》《管理规定》《合资合同》等文件，管委会和投资公司、合资公司之间分工明确、各负其责，界限清晰，独立核算，形成了企业垫资建设、政府回购补贴的资金循环体系，在土地成片开发整理、配套设施大规模建设上发挥了重要作用，放大了财政资金效能，实现了资金良性循环，保证了建设初期大规模开发建设资金需求。

3.1.4　完善地方法规

在项目启动谈判阶段，中新双方即明确了要出台地方法规，赋予生态城应有的法律地位，为生态城持续稳定发展奠定法律法规基础。2008 年 9 月 17 日，天津市政府第 13 号令颁布《中新天津生态城管理规定》（简称《管理规定》），采取"统一赋权 + 单项列举"相结合的方式，授权生态城管委会代表天津市政府对生态城实施统一行政管理。管理权限包括：土地、建设、环保、交通、房屋、工商、公安、财政、劳动、民政、市容环卫、市政、园林绿化、文化、教育、卫生等公共管理工作；管委会根据市人民政府的授权或有关部门的委托，集中行使行政许可、行政处罚等行政管理权。在充分授权的同时，要求生态城的发展要坚持体制机制创新、先行先试，推进综合配套改革试验，成为新型城市发展和城市管理模式的示范区，为生态城先行先试创造了较为宽松的体制空间和法制环境。

3.1.5　设立建设指标

在项目确定落户天津时，原建设部提出了 13 项建设指标要求，天津市予以了明确承诺。签署的《框架协议》要求中新双方联合制定一套指标体系，指导总体规划的编制和后期开发建设。在原建设部指导下，中新两国组建指标体系联合编制团队，根据生态城资源、环境、人居现状，借鉴世界先进经验，制定了一套涵盖生态环境健康、社会和谐进步、经济蓬勃高效和区域协调融合 4 个方面的指标体系，包括 22 个控制性指标和 4 个引导性指标，这些指标均达到或超过世界发达国家水平。

根据《指标体系》要求，中新联合团队编制了中新天津生态城总体规划，将量化目标落实到空间上，从而创造了指标引领、规划控制的生态城市规划、建设、管理新模式。以《指标体系》为统领，将各项指标分解到政府、企业、居民等不同主体，分解到规划、建设、运营、管理各个环节，统筹推进、分头负责，从而确保生态城建设不走样、不走偏，成为特征突出、名副其实的生态型城市。"指标引领"为特征的城市开发建设新模式在中国后续开发的新城中得到普遍复制推广。

3.1.6　编制总体规划

在研究制定指标体系的同时，生态城聘请中国城市规划设计研究院、天津市城市规划设计研究院、新加坡市区重建局三个单位，联合编制总体规划。总体规划联合编制组借鉴国际先进理念和方法，创新形成了一套生态城市总体规划的编制方法，可以概括为"指标引导、先底后图、三规合一、专规同步"。始终以此前确立的指标体系为纲领，通过空间布局和资源配置，落实指标体系；根据生态敏感性分析和建设适宜性评价，划定禁建、限建、适建、已建区域，在此基础上进行建设用地布局；同步编制经济社会发展规划和生态环境保护规划，将经济社会发展和环境保护的要求落实到空间布局上，使三个规划在规划目标、空间布局、空间数据方面协调统一，实现经济发展、环境保护和总体规划的相互协调和有机衔接；同步编制了绿色交通、可再生能源、水资源、景观系统、社会发展等 20 项专项规划和 20 个专题研究，为总体规划的编制提供了有力的依据和技术支撑。在此基础上，创造性地制定了"一控规三导则"的控制性详细规划管理体系，完成了起步区和城市主中心城市设计，形成了一套系统性的生态城市规划体系。

中新双方还约定，总体规划修订需经双方同意，并报中新联合工作委员会备案。总体规划充分落实了中新双方签署的系列合作协议，是一个具有高度操作实施性的文件。这一系列安排，确保了生态城总体规划得以持续落实，避免了总体规划"总折腾"的弊病。

3.1.7　出台配套政策

重大功能区和特殊目的功能区开发，往往都匹配相应的政策措施，从而促进该开发区域更好、更快地完成计划达成使命。建设初期，国家未专门出台生态城配套政策体系，但确立的中新联合协调机制，每年研究生态城开发建设重大事项，陆续赋予了生态城"国家绿色发展示范区建设""中央财政定额财力补助"等 40 余项政策措施。天津市始终注重发挥地方主力作用，全方位支持生态城开发建设，赋予生态城"省级管理权限"，代表天津市统一行使生态城的行政管理；从全市范围抽调理念开放创新、实践经验丰富的干部员工，快速完成行政管理队伍和开发建设队伍组建，形成有力的组织实施机构；给予"不予不取、自我平衡"财政支持政策，将生态城地方财政部分全额留归生态城；明确优质资源配套倾斜政策，将天津市南开中学、天津医科大学总医院等优质公共配套资源投放到生态城。

3.2　绿色生态城区建设管理创新模式

在绿色生态城区建设管理基本模式的基础上，各地为了吸引更多的社会资本介入，解决建设管理衔接不畅，绿色生态推进工作出现"断档"等问题，构建了符合当前我国发展趋势的创新建设管理模式。

3.2.1　葛沽中轴片区 PPP 开发建设模式

PPP 被称为"政府和社会资本合作"，是指"政府采取竞争性方式择优选择具有投资、运营管理能力的社会资本，双方按照平等协商订立合同，明确责权利关系，由社会资本提供公共服务，政府依据公共服务绩效评价结果向社会资本支付相应对价，保证社会资本获得合理收益。

如图 3-2-1 所示，2018 年，津南区政府通过公开招标方式确定社会投资人。中建联合体作为社会投资人中标后，与政府授权的实施机构签订 PPP 项目合同。津南区政府授权葛沽镇人民政府为项目的实施机构，授权天津津南城市建设投资有限公司为政府方出资代表。中建联合体负责本项目的投融资、设计、建设、运营及移交工作，其中具体的合作内容包括，通过优化镇域内部和外部交通和用地布局、梳理镇域水系，加大绿色生态空间占比，控制开发强度，塑造蓝绿交织、城景相融的公园城镇，促进科技、生态协调发展，旨在打造绿色生态、宜居宜业的新葛沽。

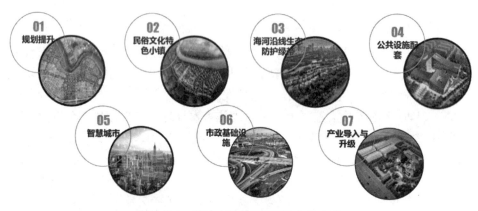

图 3-2-1　葛沽中轴片区 PPP 合作内容

3.2.2　灵山岛片区绿色生态总师管理模式

全国首创的"绿色生态总师模式"，生态总师团队对灵山岛片区生态、可持续建设进行总体把关和引导，统筹城市建设不同方向和不同建设阶段的可持续工作。

设立生态总师窗口，为一级市政和开发地块提供生态方案提升服务，为区域生态建设效益化提供解决方案，为明珠湾起步区实现全阶段绿色、全域绿色的建设要求保驾护航。

依靠第三方技术团队深度参与，为城区管理者提供在地化、伴随式的技术和信息服务；积极参与绿色生态建设过程和问题解决过程；打破部门界限，建立城区绿色生态工作平台和技术窗口。本模式可以有效推进绿色生态建设实现一级土地开发 + 二级地块开发全覆盖，规划、设计、施工，运维全流程全覆盖，城市建设相关领域与专业全覆盖。

建立涵盖项目建设各环节的分阶段全流程管控机制。准确规定主体责任、筛选管控阶段，完善出地出让、规划方案、施工图设计、施工及竣工验收、运行管理等全过程的绿色建筑管理模式，并形成各阶段的绿色建筑技术指导文件及审批管理办法，针对政府、企业开发各有侧重的工作清单、技术导则、指导手册、标准规范、政策文件等实用管控或实施工具，形成可复制、可推广、可扩展的分类工具包，有效提升区域层面绿色建筑管理效率和管理效果。在现有行政审批流程不涵盖绿色生态指标的情况下，规范项目企业的开发建设行为，从而落实绿色生态建设的指标要求。

3.2.3　中新生态城政府管理与群众参与的治理模式

为了促进政府行政管理与基层群众自治有效衔接并形成良性互动，中新天津生态城构建了政府主导、群众参与的多元治理模式，主要包含以下 3 个方面：

（1）创新生态社区模式。根据生态型规划理念和我国社区管理要求，结合新加坡"邻里单元"理念，规划形成了"生态社区模式"，包括基层社区、居住社区、综合片区三级，由城市机动车道围合形成，内部包含完整的步行和自行车道路，可为居民提供日常医疗卫生、文化体育、商业服务、金融邮电等服务，其中综合片区中心可结合轨道站点配置更高一级的管理、服务设施和公共绿地，该创新生态社区模式特征见表 3-2-1。

表 3-2-1　创新生态社区模式特征

名称	规模	服务人口 / 人	服务半径 /m
基层社区	400 m × 400 m	8 000	200~300
居住社区	1 600 m × 1 600 m	30 000	400~500
综合片区	6 400 m × 6 400 m	120 000	800~900

（2）创新决策监管机制。按照科学化、民主化目标完善综合决策机制，保证居民参与重大项目建设、发展规划和政策制定的权利，建立合理有效的公众参与决策机制和实施评价体系，严格执行涉及重要资源开发项目的环境影响评价；建立信息公开制度、社会和媒体监督制度。开通网上社区，方便居民参与社区事务，为居民之间、居民与管理部门之间搭建沟通交流平台。

（3）创新社区管理服务机制。以社区为单位建立政府主导、居民参与的基层管理机构——社区委员会，使居民可以直接参与管理基层公共事务和公益事业，实行自我管理、自我服务、自我教育、自我监督，实现政府行政管理与基层群众自治有效衔接和良性互动。

3.3 绿色生态城区建设管理经验启示

综合以上内容，在绿色生态城区建设管理方面可以得出以下经验启示：

（1）定位与名字要注重特色与精准。项目第一个正式文件中使用的名字很可能成为项目最终的名字，因此要深入研究，慎重把握，特别注意表述和定位是否准确，如时间允许可作为课题进行专题研究，提前深入分析区域特点，确定区域发展的基调、特色和策略，形成差异化定位和准确的名字，使之成为实践中可以一以贯之坚持下去的目标，进而打造特色鲜明的城市名片。

（2）管理体制要注重开放创新。新建功能区一般可采取管理委员会这一准政府体制。更为开放的方式，可以考虑设立法定机构，并通过立法赋予其明确的权利义务和市场化、企业化管理方式，按照预设目标进行评估激励，赋予其更大的自主权和灵活性，为改革创新试点、提升服务效能、优化营商环境提供制度基础，以适应新建功能区转型升级、创新示范、尽快见效等现实需要。

（3）开发模式要注重持续与合规。充分发挥市场的决定性作用，坚持政企分开、市场化运作的原则，按照现代企业制度设立并经营企业，明确界定政企职责和资金关系，避免出现"吃财政""一本账""糊涂账"现象。充分考虑商业可行性，通过法规、协议明确企业经营范围和收益领域，让开发企业依法合规地取得经营主业和发展后劲，形成可持续的、市场化的区域开发中坚力量，形成持续循环的资金投入机制。

（4）地方法规要注重授权与落地。地方法规确立地方机构的性质、地位、权限、任务，号称地方"母法"。优先选择以人大常委会的名义颁布条例，赋予地方机构及内设机构充分的行政管理权限，便于内设机构以主体地位开展工作，其次出台政府规章，授权地方机构统一行使职权，其内设机构往往只能通过被授权的方式代表地方机构行使职权。在此基础上，要明确相应权限落地程序与方式，避免操作实施上权限无法落地或大打折扣，"口惠而实不至"。建设过程中，应着力避免行政机构改革和权限调整的影响，导致权限上收、体制复归。

（5）指标体系要注重科学与可行。围绕区域发展定位，确定细分指标，横向对比类似区域确定指标值，形成一套比较科学的指标体系。更为重要的是，要建立指标统筹落实办公室和每一项指标落实机构及配合机构，形成指标落实机制。同时，要建立指标体系定期评估优化机制，不断完善指标体系。

（6）总体规划要注重控制与留白。充分研究论证，形成一套高水平的总体规划是一以贯之地坚持下去的基础。制定严格的评估、调整、优化程序和方式，特别是将涉及商业利益的内容通过有关协议予以确定，有利于增强总体规划的稳定性和刚性控制作用。充分考虑经济、社会、环境等各个方面不可预测需求，综合采取留白措施安排比较充分的弹性空间。既要避免朝令夕改，又要给后期不可预测需求及与时俱进留有余地。

（7）配套政策要注重系统安排与重点突破。国家级新开发区域往往承担着特殊使命，区域开发过程中会面临诸多困难，需要充分论证明确涵盖经济、社会、环境和开发、建设、管理各个方面、各个环节的基本条件，在此基础上制定方向明确的政策支撑体系。同时，要结合国家改革试点总体部署，面向中央和地方上级政府，研究制定一批资源吸附能力强、落地见效快的试点政策，既形成独特的竞争优势，又为制度创新贡献典型经验。

参考文献

［1］Wigginton N S, Fahrenkamp-Uppenbrink J, Wible B, Malakoff D.Cities are the future［J］. Science, 2016, 352（6288）: 904-905.

［2］United Nations Department of Economic and Social Affairs/Population Division.Population Division. World Urbanization Prospects: the 2011 Revision［R］. New York: UN, 2012.

［3］United Nations, Department of Economical and Social Affairs.Population Division.World Urbanization Prospects: the 2014 Revision, Highlights［R］. New York: UN, 2014.

［4］杨琰瑛, 郑善文, 逯非, 等.国内外生态城市规划建设比较研究［J］.生态学报, 2018, 38（22）: 8247-8255.

［5］Daily G C, Ehrlich P R. Population, sustainability and Earth's carrying capacity［J］. INTERNATIONAL LIBRARY OF CRITICAL WRITINGS IN ECONOMICS, 1997, 75: 465-475.

［6］J.L.Sert. Can Our Cities Survive［M］. Cambridge: Harvard University Press, 1942.

［7］毕涛, 鞠美庭, 孟伟庆, 等.国内外生态城市发展进程及我国生态城市建设对策［J］. 资源节约与环保, 2008, 24（1）: 30-33.

［8］张庆采, 计秋枫.国外生态城市建设的历程、特色和经验［J］.未来与发展, 2008, 29（8）: 80-84.

［9］Gordon D. Green cities: ecologically sound approaches to urban space［M］. Montreal: Black Rose Books, 1990.

［10］UNEP.世界环境日通过"城市环境协议—绿色城市宣言［EB/OL］.https: //news.un.org/zh/story/2005/05/34602.

［11］石崧.《新城市议程》视角下的中国城市总体规划转型［J］.规划师, 2017, 33（12）: 5-10.

［12］李巍, 叶青, 赵强.英国 BREEAM Communities 可持续社区评价体系研究［J］.动感（生态城市与绿色建筑）, 2014（01）: 90-96.

［13］石铁矛, 王大嵩, 李绥.低碳可持续性评价: 从单体建筑到街区尺度——德国 DGNB-NS 新建城市街区评价体系对我国的启示［J］.沈阳建筑大学学报（社会科学版）, 2015, 17（03）: 217-224.

［14］李潇, 黄翙.低碳生态城市案例介绍（三十三）: 慕尼黑（上）: "城市、紧凑和绿色"［J］.城市规划通讯, 2014（06）: 17.

［15］李潇, 黄翙.低碳生态城市案例介绍（三十四）: 德国绿色城市索引（五）: 法兰克福、曼海姆和斯图加特［J］.城市规划通讯, 2014（13）: 17.

［16］王思元, 胡嘉诚.生态城市的规划实施和启示以美国波特兰为例.风景园林, 2016, （5）: 27-34.

［17］丁言强, 牛犇, 吴翔东.哈马碧生态循环模式及其启示［J］.生态经济, 2009（06）: 179-182.

［18］郑伊天.探究低碳经济的理论基础及发展理念——以英国贝丁顿低碳社区建设为例
［J］.低碳世界，2016（32）：233-234.DOI：10.16844/j.cnki.cn10-1007/tk.2016.32.153.

［19］李璟兮.生态型城市设计及实践初探［J］.城市建筑，2013（20）：16.DOI：10.19892/
j.cnki.csjz.2013.20.011.

［20］杜海龙.国际比较视野中我国绿色生态城区评价体系优化研究［D］.山东建筑大学，
2020.DOI：10.27273/d.cnki.gsajc.2020.000654.